家
斷捨

雜物管理諮詢師
山下英子

# 序言

## 其實我很不擅長做家事

大家好，我是山下英子。

大家喜歡做家事嗎？還是很不擅長做家事呢？

雖然我時常四處演講並出版關於「斷捨離與家事」的主題，但其實我也是個不擅長做家事的人。在和參加斷捨離講座的與會學生們對談之後，發現很多人對於做家事都有類似的煩惱。

- 不管怎麼整理，房間依舊亂成一團。
- 常有「家事沒做好」的內疚感。
- 覺得思考三餐菜單很麻煩。
- 明明有在記帳，卻沒省到錢。
- 想著「改天再做」的家事，結果只會無限拖延。

●一整天都忙著做家事，令人筋疲力盡。

本書就是專為有這些煩惱的人量身打造。過去的我也有相同煩惱，認為做家事的確非常辛苦。

有一部以昭和時代初期為背景的電視劇，劇中角色曾在某一幕這樣大吼：「做家事根本是重體力的勞動工作！」

當然，現在跟那時候比起來，因為機械化替代人力，大幅減少了勞力與時間的付出，做家事已經輕鬆許多。話雖如此，家事在現代仍然是一項辛勞的工作。除了源自「不做不行」的沉重心理負擔，還得每天不斷地反覆循環。

我認為，如果做家事能變愉快，生活也會跟著變精彩吧！

## 讓做家事變得愉快又有趣

所謂家事，有百分之九十以上都是一種「維護」作業。

透過「斷捨離」，我發現維護本身深具價值。過去的我曾認為一定要有特定成果才算有價值，但事實上並非如此。達成某種成果固然重要，可是幫助成果能「維持管理＝維護」同樣非常有價值。

所以我們應該更加尊敬從事清掃作業的人員，他們並不只是一名「清掃阿姨」而已。此外，我希望家庭主婦、主夫們都要更加為自己感到自豪，因為你們所做的家事是一種維護作業，是一項深具價值的工作。另一方面，我也想打破「做家事雖然辛苦但很值得，雖然值得但很辛苦」的思考模式。

## 做家事＝有價值＝愉快有趣

本書既非提升做家事技巧的指南書，也不是要推薦大家做精神修行。這本書的主旨是「讓做家事變得愉快有趣」。

我寫作的最大目的，是想讓大家斷捨離掉那些令家事變得麻煩又勞累的各種「刻板想法」。

接下來，我先簡單說明一下何謂「斷捨離」。

- 斷……「斷絕」大量囤積物品。
- 捨……「捨棄」不要的物品。
- 離……藉由重複「斷」、「捨」的過程，「脫離」對物品的執著。

沒錯，斷捨離即是一種反求自我與物品關係的練習。雖然大家通常都將焦點放在斷捨離的「捨」，但其實經由斷捨離也可以「拾得」東西，然而究竟能「拾得」什麼呢？

## 物品等同於勞力、時間、空間

請看左邊圖示。物品必定會伴隨著維持管理所需的「勞力」、「時間」與「空間」。

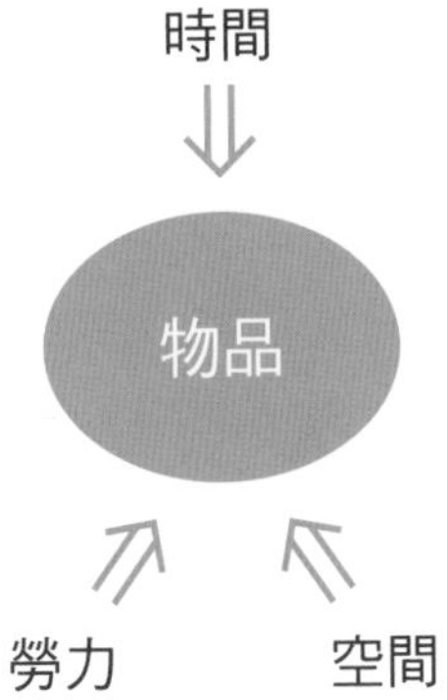


想讓家事變得愉快有趣，第一步要先捨棄物品。如果不捨棄物品，只是「收納」它們，這只是單純移動東西而已。把東西從右邊換到左邊，並不會減少維護所需的勞力、時間與空間。

寫成算式的話就像這樣：

物品

＝

物品本身

＋

勞力

＋

時間

＋

空間

人是一種會對於耗費力氣感到麻煩的生物，但只要懂得捨棄多餘的東西，就能省下不必要的麻煩。而且捨棄了多餘雜物，便能讓時間與空間的「餘裕」回到自己身上。這「捨得」之物就是「餘裕」，也就是讓心靈感到寬裕。

很多人晚上下班回家，累得筋疲力盡之餘還得做家事，尤其對有小孩的人來說，傍晚之後要如何縮短做家事的時間，堪稱是一決勝負的關鍵。

專職主婦（主夫）們也不是成天都關在家裡做家事，白天也會想把時間花在除了做家事以外的事情上。

因此，我將平日晚間做的家事稱為「夜間家事」，本書將從這部分開始談論怎麼讓家事變得「愉快又有趣」。在第二章講述的便是「我回來了」之後要做的家事。

相對於「夜間家事」，早上起床出門前做的家事，我稱之為「早晨家事」。

很多人早上總是會賴床，所以我不會要大家「早點起床做家事」，而是會點出如果出門前先做好哪些事，回家後就能很輕鬆的家事重點，這一部分寫在第三章。

在談完「夜間家事」、「早晨家事」之後，第四章要討論週六、日與特殊假日時做的家事，也就是「週末家事」。

我對週末家事提出的口號是：「別讓家事毀了假日！」如果將平日累積的家事留到週末一次完成，寶貴的休息時間就全耗在家事上了，不論怎麼想都覺得不划算吧？因此，我將會說明如何聰明且實在地做家事。

透過斷捨離，希望讓讀者捨棄刻板想法，減少勞力付出，令身心變得輕鬆自在。

透過斷捨離，期盼讓讀者如同講座上的眾多學生以及我本身一樣，從「做家事的煩惱循環」中獲得解脫。就讓我們一起利用本書內容來練習吧！

山下英子

# 家事斷捨離

## 目次



## 第一章

## 從「家事的常識」開始斷捨離

### 顛覆做家事的刻板想法！

第二章

# 傍晚六點後的「夜間家事」

## 從「我回來了」之後開始的優雅家事！

## 第三章

# 早上六點開始的「早晨家事」

## 在「我出門了」之前先做的快速家事！

## 洗衣守則



## 整理守則



專欄

## 第四章

# 一週做一次就完美的「週末家事」

### 別讓累積的家事毀了假日！

第一章

# 從「家事的常識」開始斷捨離

## 顛覆做家事的刻板想法

一之一

# 「收納」並不能徹底收拾東西

## 收納才是害家事變麻煩的元凶

現在我們來一一檢視過往對於家事「應該這麼做」、「那樣做才對」的刻板想法，因為這些刻板想法，正是害家事變得麻煩又辛苦的元凶。

首先是「收納」。

當東西收納完成後，是不是覺得原本散亂的房間好像整理好了呢？

你是否曾經試著分類亂七八糟的東西，然後放到收納用品中呢？

我能斬釘截鐵地告訴大家，「收納」並不能解決問題。接下來，我以某家庭的例子來舉證，說明「收納」究竟會令家事變得多麼辛苦。

這是在雜誌的某次企劃——「斷捨離的 Before・After」中前往拜訪某戶人家發生的事。家庭成員是一對三十幾歲的夫婦，育有五位子女，最小的老么還只是個小嬰兒。讓人不禁佩服他們如此努力生活。

採購生活必需品是他們花費最多時間與精力的第一順位。為了避免孩子餓肚子，得趕快準備三餐，還必須備有大量衣服以供替換，玩具跟讀書用品也需要不斷換新。

在這樣的生活中，根本沒有時間與精力收拾東西。結果我看到的情景是，喜歡下廚跟招待客人的媽媽，站在被食材擠滿的大型冰箱跟餐桌中間努力地煮飯。她從堆滿廚具的櫃子中俐落地拿出鍋具跟碗盤。在收納櫃的門前，特大容量的調味料（這是問題點之一）直接放在廚房地板上（這也是一個大問題），導致收納櫃的門無法打開。

另外，就算把冰箱門整個打開，眼前也只能看到最外圍的食材，不知道深處到底放著什麼東西。結果為了確保冰箱裡有需要的食材可料理，她總是重複採買一樣的食材。

## 名為儲藏室，實際上卻是「垃圾場」

雖然各房間皆配有收納空間，但每一處都塞滿了東西，擠不進去的物品就散亂地放在地上。像這種情況該怎麼處理呢？

這時我們要從最近的東西開始「捨棄」。

也就是名為儲藏室的「垃圾場」。位在樓梯下方、不到半坪的空間裡，塞滿了被淘汰的舊玩具、媽媽的手工藝品、爸爸的休閒物品跟露營器具等等，你家也有類似的空間嗎？

通常廚餘跟廢紙等可以在規定的日子拿去回收，比較不會累積。但是要處理體積稍大的東西可就麻煩多了，比如有特殊規定的丟棄方式，或者必須聯絡清潔隊約定時間。這種時候，二十四小時隨時開放、距離近又便利的「垃圾場」就粉墨登場了。

不過，問題在於原本的儲藏室裡也會混雜著必要物品，所以必須先花費勞力、時間與精力展開一場挖掘工程。等到雜物被搬到儲藏室後，就會感覺客廳騰出了空間，讓人產生

「算是整理好了」的錯覺，家裡看起來也不再像垃圾屋。

另外，為了營造「溫馨小屋」的感覺，牆壁跟櫃子上可能會擺著或吊著可愛飾品，不過這些「漂亮飾品」卻布滿灰塵。這也難怪，因為屋主沒有辦法清理，他們並沒有多餘的勞力、時間與精力，將擺飾一個個拿起來「清掃、擦拭、刷洗」。

他們沒有發現自己試圖用「收納」來解決問題，卻反而讓問題越滾越大。

在第5頁我曾提到，「物品等同於勞力、時間、空間」。我們現在就從物主對物品的「意識面」來切入分析。

## 「想丟卻又丟不掉」的原因是什麼？

從下頁的圖表來看，三者之中占最多比例的是遺忘之物。「遺忘之物」指的是自己早已忘記其存在，完全想不起來的東西。人對於眼睛未見的東西容易忘記，可是這些「遺忘之物」卻霸占了我們的空間、時間，而且還耗費精力。

「執著之物」是指雖然腦海中有印象，但無法丟掉的東西，也就是很多人掛在嘴上的「想丟卻又丟不掉」的物品，通常是一些充滿回憶或親手製作的東西。即使如此，當事人也不是特別寶貝它，只是延緩決定要不要丟棄它們的時間。換句話說，就是「不需要・不適用・不喜歡之物」。

相對地，「需要・合適・喜歡之物」則是明白其價值並且符合自己需求與感覺的物品。也就是說C才是應該留下來的部分。

你並不會覺得它「費時」，而是「願意花時間」、「想傾注時間」給它的東西。

你並不會覺得它「占位子」，而是「願意騰出空間」給它的東西。

你並不會覺得它「費事」，而是「願意多花心思、想維護品質」的東西。

這是完全不同的心態。

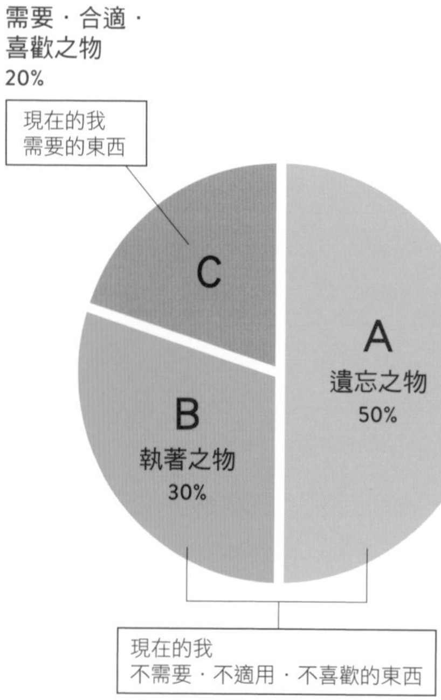

需要・合適・喜歡之物
20%
現在的我
需要的東西
C
A
遺忘之物
50%
B
執著之物
30%
現在的我
不需要・不適用・不喜歡的東西


對持有物的「意識」

很遺憾地，我們對「遺忘之物」和「執著之物」早已沒有感情了。但對於「需要・合適・喜歡之物」卻仍充滿喜愛，在使用者和物品之間會維持著一層舒服的關係。

不過大家要記得，這三種分類會隨著時間改變。「需要・合適・喜歡之物」也會變成「遺忘之物」或是「執著之物」，這其中充滿了變化因素。

## 藉由分類得到滿足的「標籤分類收納術」

我以前也曾嘗試過「收納術」。

首先，我採取的行動是去購買收納用品。

把雜物放入收納用品之後，東西會暫時從視野中消失。

接著，我便遺忘了東西的存在。

換言之，收納就如同把東西收起來，然後對它見死不救。嚴格說來，收納才是害東西變成「遺忘之物」的催化劑。不斷增加的收納用品，甚至會逐漸蠶食鯨吞你所處的空間。

擅長「收納術」的老師會教大家用標籤來分類的技巧。做法是先區隔空間，然後貼上標籤貼紙。這件事最初就很費工夫，而且一旦開始貼標籤分類，就會把「全部物品分類完成」視為最大目標。

雜誌上刊載著漂亮的收納空間、櫃子上整齊擺放著色彩繽紛的調味料、多功能系統書櫃、分類整理的備用文具……看著這些畫面，有些人應該會覺得「我絕對辦不到」吧？

會這麼想也無可厚非。因為能夠每天完成高難度「收納」的人，才有辦法維持那種狀態。也就是說，那只有專業人士能夠辦到，因為這是他們的專業，所以做得到。可是對平常就很忙的我們而言，難度實在太高了，簡直就像是叫不常慢跑的人去跑馬拉松一樣。總之，我想說的是——

收納需要時間。

收納需要空間。

收納需要勞力。

管理物品是一件高難度的事，因為難以管理導致無法維護，當然就會變成灰塵的溫床。我建議大家還是放棄那些難以管理的事吧！

我想表達的重點是，絕對不要持有多到需要用標籤分類收納的物品。歸根究柢，將使用完畢的物品放回貼標籤的位置，這本身就是個錯誤的想法。只要沒有過多的物品，不管東西收在哪裡都能一目瞭然，這就是斷捨離。

人是一種非常想省事、想一下子就解決問題的生物，只要分析人的心理，就能明白

「收納術」只是一種天真的想法。「雜亂」的問題，早已不能靠整頓、收納做為解決良策。

真正有意義的整理收納，是在這之前要先——

- 減少物品。
- 篩選需要的物品。
- 嚴選喜愛的物品。

意即斷捨離是必要的。若物品經過精挑細選，留下最適當的數量，那麼即使東西四處散亂，也能輕易地恢復原狀。

**需要斷捨離的東西**

□使用標籤分類的麻煩。
□因延後處置而一直擺著的東西。
□最後仍舊很快地變回散亂情況的壓力。

一之二

# 別因家事感到內疚

## 從「盡善盡美」中獲得解放

媒體上常常會出現那種能夠完美駕馭家事跟育兒的超級女強人。舉凡煮飯、打掃、養育子女等等，必須仔細並徹底做好這些家事才是正確的；因為付出勞力才能如何如何……社會上到處都在宣揚這樣的訊息。

這是否讓你產生「反觀自己卻……」這樣的內疚感呢？

「該費工夫的地方卻偷懶」、「沒有時間用心去做」等，出乎意料地，有不少人對「家事無法如自己所想」而感到內疚、罪惡。

我想先告訴大家：「再多偷懶一點吧！」

如果對「偷懶」這個詞感到抗拒，也能將它美化成「不費時不費工」的意思。人如果都沒有時間了，哪還能用心做事呢？

本書的核心主題是：「不費時耗工、簡單完成，讓人既愉快又有趣地做家事。」

我想告訴那些感到內疚的人，如今已經不再是需要耗時耗力的時代了。

過去的媽媽們，由於許多事情沒有機械自動化，不得不靠勞力來填補，因此都生活在需要勞心費神的日常下。不過，現在的社會科技進步，不必費力就能輕鬆完成的事情已經逐漸增加了。

即使如此，你還是會覺得：「身為主婦、身為母親，應該多花點心思才對吧！」這種感覺仍舊莫名地縈繞在大家心頭。

你在意的是什麼呢？他人的眼光？還是家人的眼光？

到頭來，家事已在無意間變成「他人主導」。

那些精緻的「造型便當」也是如此，最初只是單純為了孩子所做，後來目的卻慢慢變質，甚至與其他媽媽形成競爭。跟聖誕節的燈飾一樣，燈光效果不斷升級，最終反倒搞不清楚是為了什麼目的。

而另一方面，「完美做好家事的人」也會有不安全感。原因是什麼呢？

因為即使他們家事做得盡善盡美，也沒有人稱讚他們，這反倒成為一種壓力，產生了「我明明這麼拼命，為什麼大家都不稱讚我？是不是我做得還不夠好？……」的「被害者心態」。

## 別為了「美味三餐」過度努力

「不會做年菜，感覺是一種罪過。」工作勤快的母親曾這麼說過。

雖然現代女性也多在外工作，但在家事上相對保守的「常態」卻持續蔓延。對於自己主動說出「是一種罪過」的女性，究竟是對什麼產生了內疚感呢？

社會上出現「飲食教育（食育）」這個詞的時候，我覺得做母親的人負擔又變得更加沉重了。光是「親自下廚」加上「家庭和樂」，這已經造成驚人的壓力，根本不可能有其他閒暇時間再進行飲食教育。

女性不論何時都會被要求身兼父職與母職，不僅在外要工作，回家也要工作。她們正是對這種社會壓力感到自責。令人感慨的是，時代正急遽變化，但社會的舊觀念仍然停滯不前。

當我旅遊亞洲各國時，總是對各地豐富的「飲食」感到興奮。尤其是對如泰國等擁有皇室的國家深有所感，雖然他們有皇室等級的料理，但是在飲食方面的束縛卻很少。

直到現在，在日本只要提到早餐，大家仍有「媽媽要做好」的想法。可是，在泰國反而是：「走，我們一起去路邊攤吃早餐吧！」他們的自由自在真是令人羨慕。

關於「每天早晚女性都要親自在家下廚」這件事，不用說歐美文化了，這種想法在亞洲國家也不常見。

我希望透過這本書，可以將這種固有觀念「斷捨離」。

許多人都是「為了孩子」、「為了家人」而煮飯吧！不過沒心情下廚的日子，還是可以到外面用餐。

旅館準備的早餐都十分美味，不過一般人不太可能頻繁地去旅行，因此我認為生活周邊應該要出現更多提供「美味早餐」的商家才對。

日本女性（男性）都很認真生活，和食確實也是很棒的文化，可是過於追求「至善」、過多的要求，都會讓供應方疲於應對。各種飲食器具的形狀、用途皆不相同，光是收拾就是一件辛苦的差事。

相較之下，在世界其他國家「不需要做到這種地步」的想法反而占大多數。我希望讀者能夠將這點謹記在心。

美味的路邊攤早餐

循規蹈矩固然好，但偶爾放鬆一下，在外共同享用歡樂的早餐，更會是一件美好的事。

## 需要斷捨離的東西

□他人眼中的「好媽媽」、「好主婦」形象。

□「努力付出＝很偉大」的心態。

□「手作至上」的信條。

一之三

# 不落入「總合型家事」的陷阱

## 捨棄「填滿想法」

你是不是會等髒衣服放滿了洗衣機才會洗？

你是不是會等垃圾袋裝滿了才要綁起來呢？

等塞滿了之後再⋯⋯。

多裝一點之後再⋯⋯。

我將這種心態稱為「填滿想法」。

「累積完再一併處理，似乎感覺比較合理」，對吧？

不過，事實真的是如此嗎？

你覺得合理，是因為節省了麻煩嗎？還是節省了電費呢？

都不是。其實拉長時間來檢視「填滿想法」或是「總合型家事」，這兩者根本毫不合理。光是日常生活就已經忙得焦頭爛額，縱使心想著「累積完一併做」，但你真的還能騰出一併整理的時間嗎？

如果在你想要「一併做」的時候，突然有其他事情要處理呢？

只是洗碗的話，就算等一下再做也能輕易「恢復」原狀。可是一旦延後處理而變成

**只是累積一點點就會變成大工程**

家事是在瑣碎時間做的小工作。每天洗衣服的話，從清洗、晾晒到摺疊都能快速完成，可是若累積了兩三天才做，就會變成大工程。

「填滿狀態」，流程就會一下子阻塞，變得一發不可收拾。

如果是一個人生活，也許會覺得沒必要每天洗衣服，因此有的人「一週只洗兩次衣服」。這種「累積型洗法」乍看之下很合理，因為一個禮拜只需要洗兩次，還能減少電費。可是衣服上累積的汙垢應該很難清洗，而且也需要買大量替換的內衣褲。每次清洗的衣服數量越多，相對也要花更多勞力、時間去晾曬。

垃圾袋也有相同的問題。廚餘隨著時間拉長會產生臭味，在現今這個垃圾袋只要幾塊錢的世界，若花點小錢就能消除臭味，我覺得這代價花得十分值得。「等裝滿了再丟」只是一種依循刻板想法的行動罷了。

「總合型家事」會增加心理壓力，因為它需要「Waiting＝等待的時間」。如果一週洗兩次衣服，間隔的兩、三天就是所需等待時間。

由於心裡一直惦記著「唉，髒衣服累積好多……」，因此增強了壓力。在這段時間，我們的心理層面發生了什麼事呢？

時時在意　→　不愉快　→　壓力

內心的轉變過程如上述所記。最初不過是稍微在意的事情，最後卻演變成壓力，更甚者變成疾病，是不是很可怕呢？

## 「常備菜」與「多件優惠」的圈套

曾經蔚為風潮的「常備菜」其實也是害家事變麻煩的肇因。

「常備菜」是將食物統一調理之後，再放到冰箱冷凍庫裡保存，因此也算是「總合型家事」的一種。我們腦中幻想著「先做好常備菜，之後就輕鬆了」，雖然理想上本該如此，但實際上卻是件重體力勞動、同時還很花時間的行為。

部分職業婦女會在「早上五點起床，努力先做好常備菜」。這麼做確實很用心，不過當需要說出「努力」這個用詞，就代表它是種苦行了。有的人則是抱持著「平日都在工作，所以假日就要做好」的想法，一口氣做好一週分量的常備菜。如果自己在準備過程中心情愉快，那便另當別論，不過要是覺得「必須得這麼做不可」，這就變成壓力了。結果，煮飯變成「被常備菜主導」的一件事。

常備菜的最大風險是「吃不完」。因為人的心情每天都會變化，想吃的食物時時刻刻都在改變。

而料理最注重新鮮度，放在冰箱四、五天，食物新鮮度便會降低，散發出「剩菜感」，你還會想吃這樣的食物嗎？

雖然以預先調理的方式保存常備菜就能另外搭配變化，但是除非你處在採買食材非常不方便的環境，不然我最推薦的方式還是「需要就去買」、「每餐下廚」。畢竟現在已經是個貨品快速流通的時代。

出於同樣的原因，我認為「多件優惠」也不可行。

我反對的前提都是因為人無法管理過多的物品。當事人真能適當取用並用完那些塞滿冷藏庫、冷凍庫的食材嗎？

如果是專業廚師當然沒問題，這跟收納專家是一樣的道理。

若曾有「結果還是沒吃完就扔了」的經驗，那就斷然放棄做常備菜吧！以為自己能夠適當管理是錯誤的想法，該放棄的事情就要放棄。

這麼一來，家事轉眼間就減少了。

## 不符合生活模式的「大容量」家具

「大即是好」，這是森永製菓在西元一九六四年主打的巧克力廣告口號。當時正值經濟高速成長期，是一句能深刻感受到當時日本高度發展的口號。

家庭式冰箱與洗衣機從戰後開始普及。到了家庭人口逐漸減少的現代，冰箱跟洗衣機卻變得愈來愈大。無論是大容量冰箱抑或是大容量洗衣機，都隱藏著「支持一次完成家事」的訊息。

「常備菜」跟「多件優惠」導致冰箱空間被塞滿，結果演變至無法管理，只能「更換」冰箱中可看見的東西，而對沉眠在冰箱深處的過期食品視而不見……這是使用「大容量冰箱」很容易出現的現象。

不過，這並不表示「大容量冰箱」本身不好，真正的問題是因為「大容量」而不斷增加的東西。

大容量冰箱讓使用者不自覺地覺得自己獲得了大量囤積物品的許可。

雖然市面上也有單身生活用的小型冰箱，但我個人是使用大小剛好的冰箱。我不喜歡看到冰箱被食材塞滿的狀態，比較偏好仍有充裕空間的冰箱。我並不是極簡主義者，只是事先預防客人來訪時，冰箱能有足夠的空間暫時放置菜餚。

我的冰箱只保存吃得完的食材分量。將食物料理後吃個精光，冰箱裡面空蕩蕩的感覺實在非常爽快。

至於附加了脫水、乾燥功能的洗衣機則成為當紅主流，而且容量不斷地被擴大，打造出便於「統一洗衣」的環境。

相對於「大容量」的發展，另外也出現了「掌上型」的小型洗衣機。十分適合用於衣物量不到需使用大型洗衣機，只想稍微清洗衣領部分的時候。除此之外，我聽說三十九元商店也有販售洗衣板，大家都很懂得如何聰明使用適合自己的家電跟器具呢！

有些建商會拿「大容量收納」做為宣傳口號，可是又有多少人能妥善地運用這些收納空間呢？在我看來，大容量的收納空間只是個能二十四小時隨意使用的「垃圾、雜物回收場」罷了。

不要的東西還是馬上拿到「房子外面」，正確地收拾掉吧！

## 從「總合型家事」改變成「分次型家事」

現在大家應該明白「總合型家事」乍看合理，其實並非如此了。大家得先釐清一個觀念，總合型家事需耗費「累積」和「統整」的時間，而我們並沒有這樣的時間。

沒錯，我們內心深處仍對現狀的理解過於天真。

「分次型家事」才是做家事的真正鐵則。遇到了便去做，這樣做起事來絕對會更流暢。不過有個前提條件，那就是一旦東西變多，就不可能「分次」去做，因為光是「次數」就已經是個驚人的數量。

譬如，脫下衣服後，不用花一分鐘就能馬上收進衣櫃，但我們卻總是嫌麻煩，會暫時扔著不管。結果原本只需幾秒工夫就能完成的事，等累積了六十件亂放的衣服後，反而變成得花「1分鐘×60件＝1小時」的時間去整理。

服飾店的店員總是會一件一件仔細地摺好衣服再放回櫃子，可是在家裡很難這麼做，所以想要分次做家事，就需要先「斷捨離」。

提到「分次型家事」，我便想起我的婆婆。對於她做家事的方式，我稱之為「山下佳子式」。

我的婆婆性子急又坐不住，家人吃飯的時候，她就開始喀啦喀啦地洗碗，嘴上一邊說「你們慢慢吃」，手上卻做個不停。煮飯時發現沒有醬油，她就會馬上出門去買。家中洗衣機也總是不停地運轉。

「全部累積到一個段落再做就好啦！」

「不用馬上洗碗也沒關係呀！」

當時我都這麼想。但如今回想起來，其實婆婆的做法才是接連解決事情的方法。

我們之前同住時，我也曾覺得彼此生活習慣不合。比如遇到碗筷黏著飯粒，其實只要用水短暫浸泡後飯粒就會浮起來，但她卻會用力地洗呀刷呀……她從來不靠時間解決問題。除了這種需「浸泡」的事以外，其實「山下佳子式」的做法在其他事情上才是正確做法。現在想來，那就是相當於斷捨離的思考方式。

## 做家事的基本守則是「當下就做」

煮好晚飯後，先讓念小學的孩子吃飽，再開始整理家裡。

等念中學的孩子回來，讓他吃飽飯，繼續整理家裡。

丈夫回到家中，讓他吃飽飯，接著整理家裡。

這樣的畫面在日本家庭中非常普遍。家庭主婦的壓力即是源自於此。為了配合家人作息，導致時間被切割地很瑣碎，連空出三十分鐘給自己都辦不到。雖然有五分鐘、五分

鐘、五分鐘……這種斷斷續續的短時間，卻沒有連續的長時間。在這種生活情況下還試圖想做「總合型家事」，當然會感受到沉重壓力。

家事本來就該當下就做。時間本來就是瑣碎分散。

負責做家事的人必須先認清「家事即是如此」。「累積完再做就能一鼓作氣地整理」只是一種幻想，眼前看到事情就該隨即處理。東西越少，實踐起來也就越容易，在意的地方馬上就能清除乾淨。

我再強調一次，一切要從減少物品開始。誠如「快溺水的人，就先拋開身上有重量的東西」。

因為我們擁有過多東西，所以無法排出優先順序，想要一次做好五件事情，當然會變成一項艱鉅的工程。如果清楚先後順序，就能將五件事情依序列表，如此便能一件件地解決它們。

想要等累積到一個程度再做，就會延後生活中的小事。比如最初洗碗時只有五個碗，待累積到某種程度，洗碗槽裡的碗卻已經堆得像座小山。

即使原本都是些簡單的工作，但等到累積五、六份之後，難度當然就跟著提高。面對像這樣的「總合型家事」，無論是時間、勞力或者是心力，都會比想像中耗費更多。想一次解決那些被延後處理的事情，反而造成更大的壓力。

「分次型家事」的另一個優點，就是比較容易開口請別人幫忙。因為每件家事都被「細分」成「小事」，所以比較好拜託家人協助，我稱此為「小任務請求」。

我有一位學生，她為了把在一樓洗好的衣服拿到二樓陽台晒，總是得爬樓梯把衣服拿上去，正當她想著「等會兒要去二樓再順便把濕衣服拿上去」時，丈夫剛好從旁邊經過，於是她便請丈夫幫忙拿去二樓。由於能夠少做一件事，她的家事壓力也稍微減輕了，而受請託的一方也因為得到具體的指令，能夠快速付諸實行。

煮飯時若醬油剛好用光了，就請還在外頭的丈夫「回來路上順便買」。這種「小任務請求」還能促進夫妻間的良好溝通。

## 需要斷捨離的東西

□「累積之後再做會比較輕鬆」的刻板想法。

□只考慮到眼前事物的節省行為。

□事情總是做不完的壓力。

一之四

# 不需要事先安排菜單

## 你吃的是自己想吃的食物嗎？

我有一位朋友會訂購「安全天然的食材」，但食材總是用不完、剩下一大堆，不知不覺心裡就一直掛念著「要確實用完，不可以剩下」，後來索性放棄訂購。

他並不是配合想吃的料理來準備食材，而是配合食材來「想辦法」準備料理，想法本末倒置，成為食材的奴隸。

食材的奴隸，也就等於是物品的奴隸。

我大力主張「總合型家事是行不通的！」而像這樣的「多件優惠」也是落入相同的陷阱。

正在特價所以多買一點吧！

沒雞蛋了，去買雞蛋吧！

（接著巡視冰箱一圈）

冰箱有那個食材跟這個食材，就做那道料理吧！

這個食材快要壞了，要趕快用掉才行。

**被食材主導而購物**

「因為特價不小心買太多了……」，結果家裡有一大堆無法激起食欲的食材。這類食材很難「再利用」，容易落入「塞滿冰箱→重複購買→使用不完」的陷阱。

你發現了嗎？做料理竟然變成「被食材主導」！「吃」是人的基本慾望，無論食材多麼安全安心、營養豐富，若無視本身的慾望，彼此也只會產生「不合」的感覺。

現在我們來重新審視一下人的三大基本慾望，分別是食欲、睡眠欲、排泄欲（包含性欲在內），這三者是攸關生存的生存欲。除此之外，還有所謂的社會需求。

尤其排泄欲會受場所限制，我們不能總是待在同樣地方發洩。習慣「去廁所休息一下」的人通常患有便祕。相對地，動物因為明白「那裡是廁所」，所以不會便祕。

食欲也是同樣道理。沒有食欲時，

卻在吃東西；在不想用餐的地點、不想用餐的時間進食；「中午時間到了」，所以去用餐……社會風氣一直強迫大家這麼做。但是這麼做甚至有可能損害健康。

我們必須傾聽自己的基本「慾望」。至少在家裡的時間，讓自己在有食欲時吃想吃的食物吧！想排泄時就去如廁，想睡覺時就去睡覺。

或許有些人會說，「我還得照顧家人，所以沒辦法做到這樣。」即使如此，我還是希望大家能夠瞭解，在家這個私人空間，你有選擇要吃或不吃的自由。

## 不是「中午十二點吃午餐」也沒關係

雖然這並不是值得驕傲的事，但我在家偶爾會不吃飯。有一本書提到：「一週斷食兩天」，我則是拉開一天中每一餐的間隔。晚上有聚餐邀約時，我會調整平衡，在家先簡單吃，比如吃雞蛋蓋飯或是喝酵素果汁，甚至完全不進食。

我並不會因為如此，晚上就盡情地大口喝酒、大聲唱歌。但我認為，人不需要總是照表操課。倒不如說，我想強調「不嚴格執行也沒關係」。若是為了嚴格執行導致冰箱塞滿東西，反而是一種麻煩。

現在社會有一股提倡「用心生活」的風潮。用心整頓空間、用心飲食、用心享受……這是很棒的想法。

可是這裡的「用心」是針對什麼而言呢？

這可能只是對他人的眼光跟社會常態而採取的「用心」，並不是對自己「用心」。我們有來自身體與心靈的慾望，坦率面對自己的需求，這才是真正的「用心」。

此外，擦亮「感應自身需求」的雷達非常重要。請問你的雷達是閃閃發亮，還是布滿鐵鏽呢？

現在你想吃的東西是什麼呢？

我磨練飲食雷達的方法是「禁食」。雖然字面意思是「不吃東西」，但並不是非常嚴格地禁食，而是依照自己的理解去實踐。可以說是將「照三餐吃飯」的想法斷捨離。

部分的人可能會認為「不吃飯就沒有精神」，其實是因為腸胃感到疲累。腸胃是容易受精神強烈影響的部位，依承受壓力的情況，腸胃的運作也完全不同。如今已經不是營養不足的時代了，反倒多是營養過剩的情景。「飲食」需要耗損許多時間與精力，舉凡購買食材、料理、用餐、收拾等，全都要花時間，而且一填飽肚子就會昏昏欲睡。所以我認為偶爾讓腸胃休息也是很重要的一件事。

「吃」是一件非常主觀的事。雖然我提出「我都這麼做」的例子，但飲食本來就不是透過諮詢他人來決定的，而是要問自己的內心跟身體。這個做法對「你」好並不一定對

「我」也好。更別說就算現在是對我好的，也不代表它永遠都是好的。畢竟人是很容易厭煩的生物。

對我來說，每天吃都不會膩的食物是米飯。我也喜歡吃糙米，不過很可惜，我的身體並不適合吃糙米。除了喜歡或討厭，飲食也有適合與不適合之分。

大家不必被「十二點吃午餐」的想法所束縛。但是公司規定的午休時間是十二點到下午一點，所以沒辦法選擇是嗎？也許是這樣，可是在私人時間，請一定要自由地用餐。

一般而言，早餐與午餐的間隔很短，而午餐跟晚餐的間隔則很長，那麼在下午兩點左右用餐是不是正剛好呢？或是不吃午餐，「一日兩餐」也是可以的。

歐美拉丁語系國家有所謂的「Siesta（午睡）」時間，而生活也仍然維持著正常運作。早餐、午餐、午睡、下午五點後去酒吧喝酒、晚上八點或九點再吃晚餐，之後繼續喝酒……聽起來他們過著令人欣羨的生活對吧？世界上也有這樣的生活方式呢！

## 「一週菜單」讓做菜變沉重

大家對「吃飯」是不是稍微感到輕鬆點了呢？

「照表操課」的代表──「一週菜單」，在我看來也是行不通的，因為想吃的食物每天都會改變。事先擬好一週菜單，可是一週後卻不想吃那些菜了，該怎麼辦呢？

考慮菜單時的心情跟採購食材時的心情，天天都會變化，這也算是人的本性吧！

當然，學校的營養午餐會配發「本月菜單」給各個家庭參考，這是營養師考量孩子的發育，以客觀角度擬定的菜單。換句話說，這是「客觀位置」。

而另一方面，自己要吃的料理、要做給家人吃的菜，則必須以「俯瞰位置」來思考。「俯瞰」的意思是看見包含自己在內，家人「想吃」的慾望跟心情變化。因此食物應該在「當天、當下、當場」決定，或者最多只能一併想好明天的份。

「今天好想吃肉，不過魚看起來非常新鮮，改吃魚吧！」我們可以像這樣自由變化，才能讓做菜、吃飯變得快樂。當然，即使失敗也沒關係。放手去做各種嘗試，找到適合自己的做法才重要。

走吧，出門去採購吧！去磨練你的「飲食雷達」。逛市場也是一件很愉快的事。以「看起來很美味」、「好想吃這個」來當作選擇食材的標準，就不會覺得「需要時再去採買」是件討人厭的差事了。

## 需要斷捨離的東西

- □「食材主導」的料理。
- □吃自己不想吃的食物。
- □別人規定的「正確飲食生活」。

一之五

# 事事節省不一定真的划算

## 要做好「小事節約」須耗費龐大的精力

拿著超市傳單一家一家地買東西。

錢包充斥大量的集點卡。

自此完全可以看出當事人非常努力地「省錢」。

可是這麼做的時候，你覺得愉快嗎？

對於「興趣是節約」的人，我沒有任何異議，但如果你覺得節約讓你過得很痛苦，那還是放棄吧！

省錢、省電、省水……這個社會到處都在宣揚「請勿浪費」的重要性，瀰漫著不浪費是一種美德的氣氛，以及心理上覺得不浪費就是「節能」的心情。

其實，我們在「小地方節省」或「小地方節能」，反而可能更加浪費。為了節省，又要「以創意節約」又要忍耐。收納術如此，總合型家事亦是如此。為了達到節省的目的，實際上反倒付出更多時間、空間和勞力。

努力「省錢」的結果，只省下了一元、十元、百元，投資報酬率根本是負值。有些人認為自己的勞動力是免費的，這是錯誤的想法。自己是資本之一，勞力也是一種支出，大家一定要明白這點。

### 省小錢花大錢的心態

聽說鄰鎮的超市有超級大特賣，於是騎著腳踏車去買，成功「省錢」。要獎勵努力省錢的自己，所以順便買了蛋糕回家。奇怪？別說正負打平，根本是倒賠更多。別被眼前的「優惠」蒙蔽了！

在「節省小錢」時，有時卻會更浪費地花大錢。因為「節省小錢」而不自覺地累積壓力，最後允許自己花錢慰勞「努力的自己」。我將這種循環稱為「省小錢花大錢法則」。

況且，節省本來就會令人心情沉悶。嚴格來說，由於腦袋中充滿了節省想法，以致於人生變得不得不節省度日。我希望大家能先將這種想法斷捨離。

有些人會想，既然如此，那我乾脆不要省錢去工作就好。可是某些人實際上是無法工作的狀態，更何況出門工作有時也會花多餘的錢，譬如上班時絲襪脫線，就必須購買新品替換，一半的時薪就飛了。

也就是說，我們有可能面臨各種狀況。為此我們必須先從基本生活開始著手，進行聰明的「減量化」。

「減量化」就是針對空間來減少物品。東西一旦減少，麻煩也跟著減少，就能產生時間與空間上的餘裕。如此一來，便能看清楚家事或生活的優先順序。而且要去工作也好，想待在家裡也行，你將能夠隨心所欲地決定。

## 光是記帳並沒有意義

一如「省錢」沒有用，我認為家計簿也是同樣的道理。不對，正確來說，就只是記帳而已並沒有任何意義。很多人記完帳就感到滿足了，到頭來你又是為了什麼而記帳呢？

前一陣子，有一位理財規劃師去上某個電視節目。諮詢人是一位單身又需扶養高齡雙親的獨生女，她的父母親需要請人照護，而她本人也對健康與生活費感到不安。此時規劃師便建議說：「未來幾年後的居住成本大概會是這樣，再加上看護費用，約莫需要花這麼多錢。目前妳就先以存到這些錢為目標吧！」語畢還笑著補充說：「這樣妳是不是覺得比較放心了呢？」

雖然諮詢人回答：「是的！我覺得放心多了。」但我卻感到非常驚訝。就算現在先設想未來生活狀況來擬定計劃，也沒有人知道未來會發生什麼事呀！

大家聽過 Technological Singularity（技術奇點）這個詞嗎？如今是比產業革命時期變化更劇烈的時代，AI（人工智慧）能透過自我學習來改良修正的時代降臨了，這就是技術奇點。大眾普遍認為 AI 的發展將會剝奪許多人的職業。

電視節目裡，有一方提出隨著 AI 的發展，是否真能造就無法預測的先進未來，另一方則是在談論環境破壞的嚴重性。事實上，我們被各種問題環繞，到底能拿什麼做為基準來訂定人生計劃呢？

如同我前面提到「一週菜單不可行」的主張，理由就是它並沒有考量到「變化」。無論是人的情緒或是環境狀況，無時無刻不在變化。

「家計簿記帳」也是一樣的道理。只是單純記錄收支並不能達到「省錢」的效果，重要的是認清「自己想要什麼」。自己是否保有這層認知，將會導致記帳產生截然不同的效果。

必要的東西就要，不必要的東西就不要。

我認為唯有深刻明白這一點才能夠正確地記帳。瞭解自身最直接的慾望，就不會有所浪費。

## 需要斷捨離的東西

□「努力卻沒有回報」的小錢節省。
□「只要記帳就能省錢」的刻板想法。
□不把變化考慮其中的「人生計劃」。

一之六

# 不必考慮家事動線

## 「動作數」比「動線」更重要

考慮蓋房子或設計室內環境時，一般總是將「能順暢地做家事的家」視為理想模型。自冰箱取出食材、在料理檯上切好食材、放到瓦斯爐上料理、從櫥櫃拿出碗盤、將料理擺盤……將這一連串的作業以「盡可能在手邊完成」做為動線考量。

以上情況如果是國外的大房屋也就另當別論，但像是日本房子的空間大小並不需要考慮動線。

只要空間上有餘裕，那麼即使不考慮動線也能順暢地做事。有餘裕的空間，便是沒有多餘物品的空間。請大家試著問問自己，那些你執拗地認為是必需品的家電或家具，以及亂七八糟的雜物，「你真的需要它們嗎」？

此外，在寬裕的空間中四處走動，還能達到運動效果。所以與其在家懶散地滾來滾去，然後花錢去健身房，在能夠輕鬆走動的家中做家事反而更「節省」吧？

比動線更該考量的是「動作數」，動作數＝麻煩。

人對於要做的事越多就越覺得麻煩。

我們來思考看看如何盡量減少麻煩的事。

舉例來說，有個砂鍋放在廚房櫃子中的某個盒子內。由於不常使用，因此把它小心地收在盒子裡。現在來算一算，當難得想要用到砂鍋時所需的「動作數＝麻煩」吧！

依據左頁圖示，這下子大家就能看得更清楚，僅僅為了使用砂鍋這一個目標，竟需要這麼多道手續。盒子是為了販售用的包裝，並不是用來收納的東西。由於盒子有「能夠重疊」的優點（也是缺點），一不小心就會疊好幾個。

**統計動作數之後發現，要使用盒子內的砂鍋，光是「取出、使用、收回」至少要八個動作！**

打開櫥櫃門板。

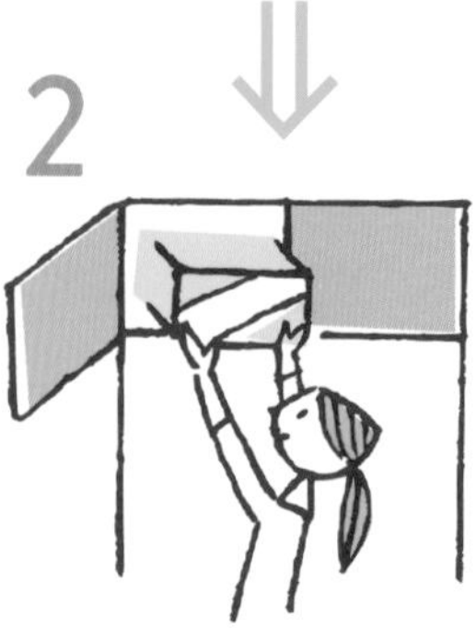


搬出砂鍋的盒子。依據各種狀況，盒子上可能還疊著其他東西，所以取出盒子所需要的動作數要多加一次。

打開盒蓋。

很多人沒有發現
竟然需要經過
這麼多動作！

取出砂鍋。

使用砂鍋。
（洗淨、擦乾）

把砂鍋收回盒子內。

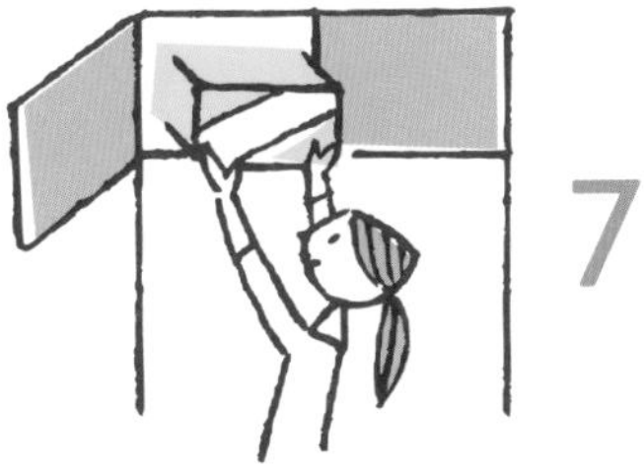


放回櫃子。

關上櫥櫃門板。

經常使用的碗盤、刀具，更是需要注意取用的動作數。理想的狀態應該是：拉開抽屜，東西的擺放位置要能一覽無遺，然後只用一個動作就能輕鬆拿取。當然，能夠這麼做的前提還是物品已經過篩選。

## 最初「先做一點」，之後更輕鬆

動作（＝麻煩）越繁雜，人就越容易感到厭煩，這是人之常情。而且一旦延後動作，事情就會更加麻煩。

既然都需要「一些動作」，那麼不如最初就「先做一點」。也可說是從改善「第一個難關」做起。

例如，每次東西一買回家，當下就把採購物品時附有的袋子或盒子丟棄。前面舉例的砂鍋也該這麼做。還有像是裝在大袋子中的小包裝湯底包，先取出湯底包另外收好，要用的時候就能少一個動作。

我也會把寶特瓶的外包裝撕下後再放進冰箱，因為外包裝顏色太過複雜。有些人也許會擔心沒有外包裝就不知道瓶子的內容物吧！但是回到冰箱收納的鐵則，就是絕對不在冰箱塞一堆東西，導致忘記寶特瓶裝了什麼。畢竟回收寶特瓶時也需要撕掉外包裝，所以買來時就先撕掉它吧！

## 儲放備用品守則

＼收到平時固定的位置。／

＼用剪刀將東西取出。／

／馬上就能使用！＼

**先把東西從包裝袋中取出**　分成單份比較容易儲藏，要拿到廁所時也不費事。既然終究都要花時間做，那麼「最初就先做」吧！

廁所衛生紙也一樣，大家很容易一買回來就連同包裝袋放到櫃子或地板上。這時應該「先做一個動作」，就是把每包衛生紙從包裝袋中取出並放到平日固定的位置，這樣要拿取時也方便許多。

有人買了新衣服後，會連同吊牌一起收進衣櫥，或是拿回送洗的衣服後繼續包著透明防塵套。也許是打算「要穿時再拿掉」，不過忙碌的早晨都會想「直接穿出門」吧？況且不趕快拿掉防塵套的話，反而會成為積聚濕氣的主因。

### 需要斷捨離的東西

- □「家事動線要盡量簡短」的刻板想法。
- □妨礙到物品取用容易度的包裝盒、蓋子、外包裝等。
- □總以為是「必需品」的家具或家電。

我們總是不自覺地把一些刻板想法當作「做家事的常識」。經過一番審視後，大家覺得怎麼樣呢？有發現過去都選擇了更麻煩的做法、白費了努力嗎？而現在是否覺得稍微能夠放鬆了呢？

下一章節將開始討論夜間家事、早晨家事以及週末家事。我們一起來看看有哪些具體的流程與重點吧！

第二章

# 傍晚六點後的「夜間家事」

## 從「我回來了」之後開始的優雅家事

# 「夜間家事」守則

歡迎回家。

白天在外工作的人，做家事的時間主要都集中在晚上。一身疲憊地回到家，看到堆積如山的家事，一邊心想「要從什麼開始做」，這樣反而讓人疲勞倍增。尤其是家有子女的人都想要盡可能善用「小孩就寢前的忙碌時間」吧？

遇到這種情形，關鍵是要先安排做家事的「流程」。

「流程」不是「動線」，而是指時間先後、家事的程序。接下來我會公開自己的「夜間家事」流程做為範例。

和公婆同住、三人家庭的生活、單人生活……我歷經過幾次生活型態的轉變，現在則算是單身派駐的單人生活。

## 山下英子流的「夜間家事」流程

傍晚六點

「我回來了～」

回到一個洋溢著「歡迎回來」氣氛的美好空間。

保養鞋子

先用布大略擦拭鞋子為固定儀式。鞋櫃裡一層只放兩雙鞋，保持良好通風。

把濕傘撐開擺放

若傘還沾有水滴就收起來，會產生異味及黴菌，要趕快晾乾。

### 回到「舒適迎人的空間」

下午六點開完會後回到家時，雖然我是一個人生活，也會習慣說「我回來了」，而家裡的空間也會「歡迎我回家」。只要出門前先整理好「舒服的整潔房間」，疲憊就會因此獲得緩和。反過來也是一樣的道理。

我脫鞋進屋後都是赤著腳，不穿室內拖。如果鞋子有髒汙就馬上拿布擦乾淨，再收進鞋櫃。髒汙儘早清理，之後也比較好保養。鞋子若帶有濕氣，就暫時把鞋子擺在外面，過一陣子再收起來。

用過的傘先撐開放在客廳，待去除水氣後再把傘收進鞋櫃，讓玄關保持「沒有雜物」的狀態。

### 傍晚六點十分

**要丟掉？要留存？**

收到信件要馬上翻看然後決定是否丟棄。要丟棄的就撕成碎片，要保存的信件就先剪好開口。

**清空包包**

充滿「本日故事」的包包要全部淨空，減輕負擔。

**檢查錢包**

工作了一天的錢包，也要清掉裡頭的發票跟零錢。

## 每天都要清空包包

進到室內後，我會在餐桌兼書桌的桌子上整理當日的信件。拿剪刀俐落地剪開封口，檢查內容物後，當場就決定信要不要丟掉。不要的就直接丟棄，需要保存的信件，則在信封上剪出開口，讓自己容易看到信件內容或能輕易取出。

當日用過的包包，要把裡面的物品全部放到籃子。以「今天一整天辛苦了」的心情看待它，並清理包包底部的垃圾，決定名片要不要保留。然後把清空的包包收進衣櫃，直到下次需要使用時再拿出來。

接著檢查錢包，將收據、發票等放進理財抽屜，零錢放進存錢的盒子，當天使用過的銀行提款卡也要拿出來。

傍晚六點三十分

**鏡子也要擦得亮晶晶**

每次洗完手，就要「立即擦拭」洗臉檯。水龍頭跟鏡子也「順便擦乾淨」。

**換穿家居服，切換成居家模式**

脫下外出服換上舒適的衣物（非睡衣），讓「在家的感覺」更深刻。

**不需要廁所拖鞋**

每次使用完畢不能馬上清洗的墊子、拖鞋等物，全部斷捨離。

## 水滴要「立即清理」

在洗臉檯洗手、洗臉、卸妝，讓自己回到一身的清爽感。盥洗後，四處飛濺的水花就用洗臉檯抽屜內的紙巾擦乾淨。然後可以用同一張紙巾把鏡子跟水龍頭用力擦過一遍，當下就清理乾淨。

移動到擺放衣櫃的寢室內，換上家居服，便從外出模式切換成居家模式。並把換下來的衣服收到衣櫃的「上班服裝專區」，吊回空衣架上。

上完廁所後也要馬上清掃，使用放在廁所櫃子上的加厚濕紙巾擦拭馬桶跟地板。在廁所裡不擺放馬桶坐墊、地墊、拖鞋，維護清潔會更方便。

晚上七點

想吃的簡易菜單

晚餐從採購「看似很美味」的食材開始。今晚的主角是酪梨。

幸福的「一人餐會」

一個人生活更該好好對待自己，不要把飲食當成是餵食。

不用瀝水架

餐具不多時就立刻清洗，然後用紙巾擦乾。

## 用最喜歡的餐具吃晚餐

我的晚餐外食占六成，在家用餐占四成。自己做菜時，基本上以「蔬菜直接下鍋」跟「配菜料理」等簡單菜色為主。例如當天買了看起來很美味的酪梨，把酪梨切片後涼拌藍起司，調味只用了醬油。

用餐時，我會拿出我最喜歡的九谷燒瓷器裝盤，並將料理統統擺放在托盤上，用心享受「一個人的餐會」。即使沒有其他人看見，就算只是買現成的食物，我也不會直接裝在袋子裡吃，而且會開口說一聲「我開動了」跟「我吃飽了」。

洗完碗盤後，我會鋪一張紙巾，把碗盤倒扣在上面晾乾。廚餘則裝進小垃圾袋綁緊。

晚上九點

不用摺衣服

衣服用吊掛的。只需要摺毛巾，並收到洗臉檯下的寬敞空間。

每天使用的物品不放在外面

牙膏、牙刷、洗面乳等，洗臉檯上只要放著一樣東西，物品遲早會不斷增加，所以要全部收到櫃子。

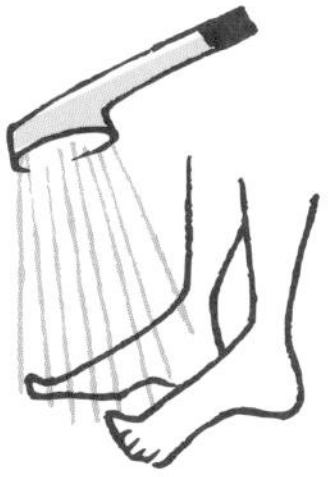

夜晚沖澡派

也可以不沖澡，只清洗足部。因為只要腳洗乾淨了，就能讓人感到清爽。

## 衣服連同衣架一起收

把早上出門前晾在浴室的衣服收進寢室的衣櫃裡。襯衫或罩衫只要連同衣架收到衣櫃就好，內衣褲則放到沒有加蓋的籃子裡，毛巾收到洗臉檯下方的抽屜。

刷完牙後，用紙巾擦拭洗臉檯，不論是水或汙漬都擦乾淨。牙刷、牙膏、洗面乳和化妝用具全部收到櫃子中的固定位置，絕不「暫時放在外面」。因為洗臉檯上沒有放雜物，就能飛快地「立即清理」。

我是早晨泡澡派，所以晚上只會簡單沖個澡或是洗個腳。走出浴室前會檢查排水孔有無毛髮髒汙，並且打開抽風機。

晚上十點

隔天要穿的
衣服專區

把明天出門要穿的衣服吊在衣櫃正面的空衣桿子上。

收拾廚房
並清理垃圾

居住的公寓若設有二十四小時管理的垃圾回收場，會非常方便。

「躺著看書」的
極上幸福

以輕鬆的姿勢看小說或實用書。但工作相關的書籍需要劃重點，所以會在書房閱讀。

## 就寢前的簡易整理

讓早上不必慌張出門的竅門之一，便是前一晚先準備好要穿的衣服。先在腦中思考明天的預定行程，也能提前做好心理準備。

還有一點是收拾廚房，我將其視為每晚睡前的例行工作。將倒扣在紙巾上的碗盤擦乾淨並收進櫃子，接著用紙巾擦乾流理檯與料理檯，不殘留任何水氣。再把綁好的垃圾袋拿去二十四小時開放的公寓垃圾場。

然後就能將身上的家居服換成睡衣。

我的看書習慣是不在書房或客廳看，而是拿到床上看，但工作上需研讀的書籍除外。不需要寫作的時候，偶爾會熬夜，接著便就寢。

# 玄關不放任何東西

## 沒有傘架跟室內拖鞋架的空間

玄關應該是一個舒適迎人的空間。拖著滿身疲憊回到家，率先迎接自己的就是家門。我非常小心地「盡可能不放東西」在這裡。

準確來說，我在玄關的混凝土上鋪了一張連貫內外空間的地毯，扮演脫鞋處、外廊地板的角色。

回到家中，我先在玄關地墊上脫鞋後再進屋。鞋子有髒汙就用布擦拭乾淨，若有濕氣就放在門口，等過一陣子再收進鞋櫃。

遇到下雨天，我會先暫時將濕的傘撐開放在客廳。雖然一般也能放在門口走道或是屋簷下，不過我家是樓中樓構造，所以全部都在家中處理。待雨傘晾乾水氣後，就可以收進鞋櫃中的雨傘專區。我不設置傘架，雨傘只有一把直立傘以及一把折疊傘。

我在家中都是赤腳，不穿拖鞋。客人來訪時，我也都跟他們說「赤腳進來就可以了」。沒有拖鞋，自然不需要鞋架。

以坪數而言，我家並不大，可是來訪的人總會跟我說「你家好寬敞」。那是因為我家中沒有雜物。我在不丹的市集購買的鮮豔地毯是室內唯一的顯眼裝飾，除去這張地毯，家中沒有其餘需要特別維護的物品。順帶一提，我每三個月會把這張地毯送洗一次。

單身生活與家庭生活不同。越多人住在一起，東西當然也會比較多，所以滿出鞋櫃的鞋子擺滿了整個玄關，這似乎是束手無策的事。

其實不然。仔細一看，我們平常會穿的幾乎都是散亂在鞋櫃外的鞋子。鞋櫃中還有很多甚少有機會穿到的鞋子，它們全是被人遺忘後失去存在必要性，永遠沒有登場機會的鞋子。雨傘也一樣，比家中人數還多的雨傘滿滿地擠在傘架裡，還有好幾把不知道是誰的超商廉價雨傘。

拖鞋架上塞滿室內拖，鞋櫃上放了大量雨具，掛衣架上掛著大衣、圍巾、帽子、包包，腳邊雜亂地擺著孩子的滑板、玩具……玄關完全變成一個不舒適的空間。

你想回到一個怎麼樣的玄關空間呢？

# 玄關地板不放鞋子

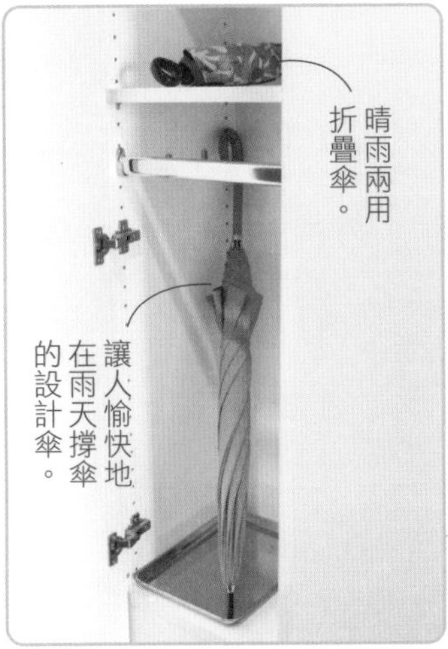
晴雨兩用
折疊傘。
讓人愉快地
在雨天撐傘
的設計傘。

## 一把直立傘與一把折疊傘

擠滿雨傘的傘架會讓人感到非常壓迫。我只有兩把傘，都收在鞋櫃裡的專區。

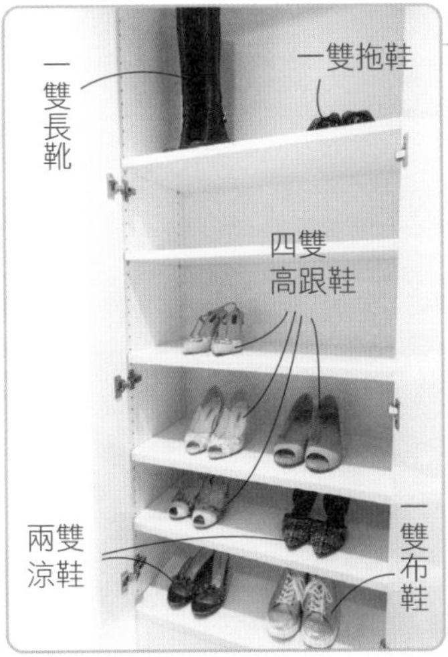
一雙長靴
一雙拖鞋
四雙
高跟鞋
兩雙
涼鞋
一雙布鞋

## 鞋櫃裡一層只擺兩雙鞋子

我喜歡穿露趾的七公分高跟鞋。擺在鞋櫃中的鞋子會保持寬敞的間隔，並像鞋店一樣展示。

沒有雨傘跟
傘架。
脫下的鞋子等
散完熱氣再收
起來。
沒有室內拖與拖鞋架。

## 玄關地板不放鞋子

回到家中，把通風散氣過後的鞋子收進鞋櫃。門口的混凝土上只鋪了一張地毯。

# 紙類要立刻打開、判斷去留

## 不要延後處理

回到家後檢查信箱，取出一些信件跟明信片，稍微瞄幾眼，暫時先放著……你一旦這麼做，郵件就會無止境地增加。在你決定「先放著」的時候就已經出局了。

正確做法是稍微看一下，當場判斷留或不留。不過，總想暫時放著是人之常情，這是為什麼呢？

現在沒時間，晚點再看。

晚點再仔細整理。

當你一這麼想，紙類就會在不知不覺間疊成小山，並雪崩似地掉了滿桌。

「晚點再做」的意思等於「晚點一起做」，也就是我不斷呼籲大家要「戒除」的「總合型家事」（參考第30頁）。

換句話說，「晚點一起做」只是延後決定如何處置。大部分的人基本上都會選擇延後，因為逃避判斷會比較輕鬆。

郵件是一種過去不存在於家中，卻突然被送來的東西。很不可思議的是，明明在那之前從不覺得那些東西有存在的必要性，可是我們看到信件的當下，便下意識認為那是必需品。這背後其實藏著一層假象。

就拿銷售型錄來說，當你打開突然寄來家裡的型錄，自己就覺得好像需要上面刊登的東西。大腦擅自開始覺得「這個我之前就很想買」，這種現象被稱為「拉布拉多腦」。我們並不是因為想要商品而買，而是因為想要買東西，所以尋找可以花錢的目標，只是想找一個購物的理由。

既然如此，我們又該怎麼改善呢？

一收到銷售型錄，就要當場打開並且立刻丟掉，然後忘了這回事。

雖然也有「不看內容就丟掉」這個做法，不過你如果很在意內容，打開看看也無妨。此刻大腦會瞬間發出「我想要這個」的訊息，這時只需要重新告訴自己，「不對，我只是看到就想要而已。」

「我根本不想要這個東西。」讓自己稍微冷靜一下，然後把想要的想法跟型錄一起丟棄。如果翻過型錄後覺得自己確實很需要，那就留下來吧！我家也有未扔棄的型錄，是各產地直接送來的美食型錄，那是我以前曾訂購過的某公司又寄來的。

## 一眼明白

## 信件內容主義者

這個要留下。

先取出內容物。

容易看！

容易拿！

### 信封口剪成波浪狀

「想要留下」的郵件就用剪刀大膽地剪開信封口後保存。這樣也具備提醒功能，不會忘記有限期的信件。

遇到想留下的信件，小訣竅是拿剪刀先剪開信封口，這麼一來想看的時候只需一個動作就能取出。

我會這麼做是因為信封口都會殘留黏膠，容易在拿取時黏到內容物。儘管把內容物暫時取出，然後用剪刀剪出開口「有一點麻煩」，不過保存時就能輕鬆地一眼認出那是什麼內容。

我深深地覺得剪刀是一種非常棒的工具，比起用手撕，剪刀不僅便利，剪口更是特別乾淨漂亮。

我甚至在每個房間都備有剪刀，非常重視它。

# 包包內的東西全部放到籃子裡

## 「要・不要」馬上一目瞭然

外出一整天，包包簡直化身成垃圾桶。我一回家固定會做的事，就是將當天包包裝的東西全部倒出來。

打開包包、丟掉垃圾、把裡面的東西全部移到籃子裡。透過這個動作，自己也能簡略回顧一整天的過程。那天有緣認識的人給的名片、新企劃的資料、剛出版的新書等等，從包包裡面不斷拿出各種東西。

俯瞰裝著包包內容物的籃子，就能統一檢視帶在身邊的隨身用品，例如：需要補充快用完的文具；發現自己不會補妝，所以不需要帶化妝包等。

這麼做的好處還能預防自己忘記帶東西。不管隔天想用同一個包包或是別的包包，同樣都要從籃子內拿出物品，因此得以從慌亂的早晨中獲得解放。

回家之後也要審視錢包的內容物。如果有收據就拿到書房裡的專用籃子保存，雖然我不記帳，但會管理計算經費的收據。

# 習慣每天清空包包

## 回顧一整天的過程

把東西從包包移動到籃子內後俯瞰檢視。我每天回家後都會馬上進行這項儀式。

## 只放會使用的卡片

最近開始使用的皮革長夾裡，除了現金之外，只有一張銀行提款卡、兩張信用卡、車票卡以及健保卡。

錢包裡的零錢全部拿出來儲蓄。
存夠金額後也許能去趟溫泉旅行。

清空包包，也將錢包變輕薄。讓「辛苦一整天」的包包與錢包可以好好休息，放鬆地「呼吸」。

我都會定期更換包包跟錢包。

其實我非常喜歡買包包，並時常在旅行時購買喜歡的包包。但同時我也會管制手邊物品的「總數量」。平常手上約莫有五到六個包包，加上兩個行李箱，一旦數量超過，我就會為它們找「新的歸處」，儘早脫手。

錢包的更換週期約是一年一次。畢竟錢包是「金錢的家」，我想要讓它維持活絡。

# 小雜物要「統一管理」

## 不需要大量儲備文具

大家是否曾因為「找不到買回來的備用電池」，而在家裡展開大規模搜索呢？由於許多物品常需要替換乾電池，覺得很難固定放置的地方嗎？

如果考量到家事動線，將電池放在「會用的地方」就很方便吧？但無論是廚房、客廳或是洗臉檯，都會用到乾電池，如果在每個需要的地方都放了，那只會不斷增加放電池的位置，最後反而不容易找到電池。

那麼就把東西統一放在同個地方吧！這就是「統一管理」。

這是一種讓自己明白「走去那邊就一定有」的狀態。

我們並不會覺得走到目的地很辛苦，但如果是要一邊猜想著「在這邊嗎？還是那邊？」一邊四處尋找，心情上可就完全不一樣。

我家乾電池的指定位置是玄關處的櫃子。燈泡也一起放在櫃子的抽屜裡面。

旁邊抽屜還放著點火器跟打火機。櫃子裡還有備用紙巾跟面紙、防災避難品的礦泉水、手電筒、油燈、絕緣膠帶、封箱膠帶、其餘工具等等。

我把生活備用品全部放在這個櫃子裡「統一管理」。橡皮擦、墨水等小物品很繁雜，雖然會想用「標籤收納術」整理，但其實沒有那個必要。就算努力完成詳細分類，也只有一開始會派上用場。

斷捨離即是用來打造不需詳細分類也不會有問題的系統。能夠「俯瞰」檢視抽屜就是最關鍵的重點。為此需要先嚴選備用品跟數量。我的文具「固定總數量」是一支原子筆、三支簽字筆、一捲透明膠帶、五份便條紙。

有些人家裡有成堆的文具備用品，結果幾乎都沒登場便成了無用之物。在大量的原子筆中弄丟了簽字筆，最後還得再買一次。

一眼就能看清有多少數量，這便是斷捨離的成果。

## 拿掉蓋子，放到「固定位置」讓你能夠輕鬆拿取物品的安排

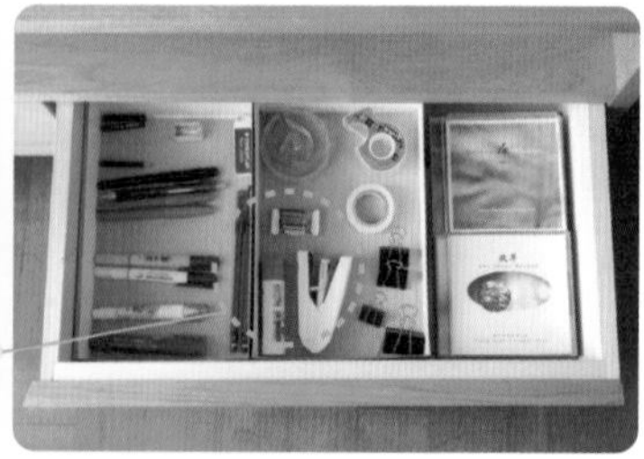

統一管理文具備品

書房的其中一個櫃子抽屜，專門用來集中放置文具備用品。覺得沒有大量備用品會感到不安嗎？只要在替換、補充的時候，順便檢查數量就沒問題。

## 打開門就能拿取

將裝螺絲起子的盒子蓋子拿掉，要用時就能馬上拿。玄關處的櫃子「統一管理」粗略分類的避難用品跟日常備用品。

NTTグループ
東京防災
還能當作書擋。

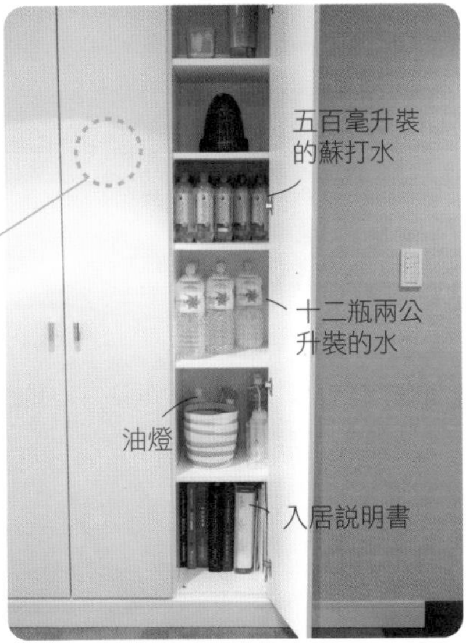
五百毫升裝的蘇打水
十二瓶兩公升裝的水
油燈
入居說明書

## 防災避難用的礦泉水

避難用品我只準備了水，食物方面就靠冰箱裡冷藏、冷凍的食品。我的信念是：「前七十二小時（前三天）靠自己，然後在這段時間思考下一步。」

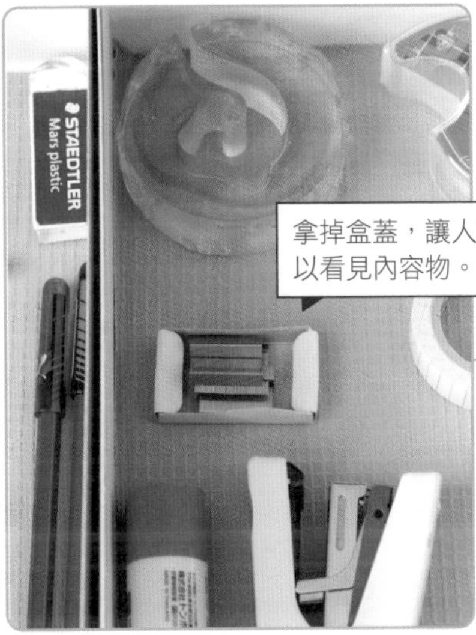
STAEDTLER
Mars plastic
拿掉盒蓋，讓人可以看見內容物。

## 釘書機的替換針也要能馬上拿取

一般會擔心沒盒蓋的替換針會到處亂滾，都是起因於備用品過多。釘書機總是突然需要換針，所以要盡量讓自己能立刻取用。

＼ 一眼就明白什麼東西放在哪邊！ ／

# 達到一個動作就能完成的無蓋收納

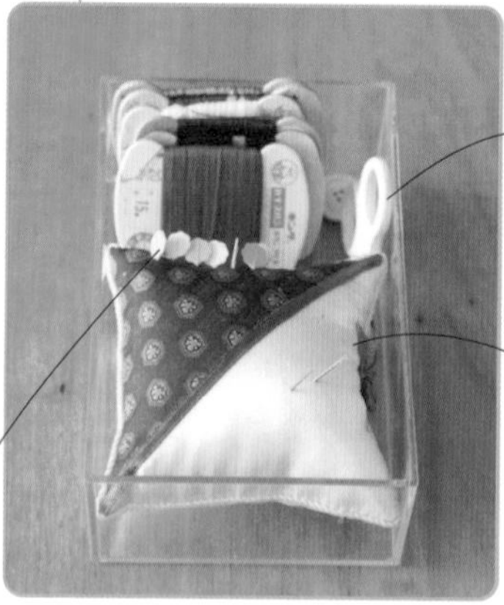


## 精巧玲瓏的小裁縫箱

一般的裁縫箱為什麼都很大呢？有些人家中甚至存放一大堆白色縫線。如果只是要縫補鈕子或修改長度，其實這個大小就綽綽有餘。

還能當紙鎮，
一物兩用！

## 計算經費的收據統一保存

每天都要清理錢包裡的收據或發票。與經費相關的收據就收到這個盒子保管，定期寄給委託的會計師。

存滿了就拿去銀行
換紙鈔！

## 逐漸變重的小額儲蓄

我每天回到家一定會檢查錢包，並把零錢取出放在這個存錢盒。與「省錢」無關，純粹是個人興趣。

## 提振精神的鑰匙圈

這是我在亞洲市集發現的鑰匙圈。鮮豔的顏色與形狀可以刺激人的交感神經。

有特殊的造型，所以
不會迷失在包包中。

# 為什麼會不想煮飯?

## 從打造讓人「想站在裡面」的空間做起

下廚很麻煩。

想菜單很麻煩。

這是許多人的共同心聲。即使如此,人每天依舊要用餐,也要顧慮到家人總是餓著肚子等吃飯。有些人應該覺得這是種沉重負擔吧!

本書內容並不是要傳授「加強料理技術的小竅門」,而是一本「從根本改變下廚想法」的書。

「麻煩」、「懶得動手」、「不想做」的心情背後,是「作業」、「義務」、「不得不做」的情緒在作怪。

要怎麼做才能產生「想吃」、「想下廚」的心情呢?

我前面提過,「分次型家事才是基本做法」(參考第37頁)。煮飯也是同理可證。最重要的是配合自己無時無刻不在變化的心情去做。只要能明白人心易變是理所當然的道理，就不會「一口氣採購」。因為人類本來就無法管理大量物品。

除此之外，「大容量」食材與調味料等也是盲點之一。我們很容易被「好便宜！真划算！」所吸引，結果購買後反而剩下一大堆沒用完。物品其實有其「適量」限制。

常備菜同樣是「總合型家事」的一種，必須避免這種做法。一般所謂的常備菜，本應指「還剩下一些食材，乾脆拿來做點料理」、「正餐之外的小配菜」的意思。

採取「一口氣購買」、「做常備菜」的行動，結果就是看著食材淹沒廚房，料理檯亂七八糟、冰箱無一絲空隙、甚至連流理檯也堆滿餐具。大家會想站在這樣子的空間裡下廚嗎？如此環境只會讓人懶得動手吧？

遇到這種情況，第一優先就是打造一個「讓人想站在裡面的廚房」。減少物品數量、不堆積東西，也不延遲廚房裡的工作。

料理檯的檯面上維持乾淨寬敞、冰箱的食材擺放一目瞭然，如此一來自然能激起居住者的食欲，讓人打起勁來決定：「煮頓美食吧！」

# 冰箱內要讓人「一目瞭然」

## 別用塑膠袋保存食材

各位，請打開你家中的冰箱看一看。
裡面有什麼食材，各有多少數量呢？
食材跟調味料都能一目瞭然嗎？

很多人習慣把買來的食材連同塑膠袋塞進冰箱，比如裝在塑膠袋的蔬菜就直接放進蔬果室，也許是因為塑膠袋尺寸很符合蔬菜大小吧！但是每當打開蔬果室時，都會因為塑膠袋而導致空間擁擠，也看不清楚是蘿蔔還是高麗菜。

此外，商家有時會附上比塑膠袋更薄的透明袋，預防食材在手提時掉出或是漏出湯汁，但是當食材放入冰箱後，就不需要這層袋子了。裝在紙盤或保麗龍內的肉跟魚也換到更容易看見內容物的容器裡保存吧！

購買食材回來後，首先該做的就是取出塑膠袋及透明袋中的食材。只需花「這一點工夫」，就能瞬間變得更容易檢閱，並方便取用冰箱的食材。

我都會把蔬菜移裝到透明夾鏈袋。雞蛋則是從包裝盒中取出，像裝橘子的方式，改裝到略帶深度的容器。

調味料則是「等有需要時再買」。我的常備品只有醬油、鹽巴、味噌、味醂跟料理酒而已，其餘則是配合料理去購買需要的物品。

有些人家中的廚房就像商店一樣擺了成排的香料。但是，平常會用泡打粉嗎？大量庫存的食材和調味料都沒用完就扔了，這樣的情況也很常見。一旦習慣了「一口氣購買」、「做常備菜」，人就會停止思考，同時麻痺自己的感覺與感性。

一個動作就能取出冰箱物品是基本概念，要讓冰箱隨時呈現能俯瞰內容物的狀態。當食材被塞到冰箱深處看不見的地方，之後就會被遺忘，最後害自己重複購買。

如果無法把握冰箱裡有什麼或是缺什麼，那就該馬上斷捨離。

# 盡量消除冰箱中的色彩

## 讓食材看起來更美味的冰箱

一開始就先撕掉寶特瓶的外包裝，但招待客人用的氣泡礦泉水除外。調味料、乾貨也放在冰箱統一管理。

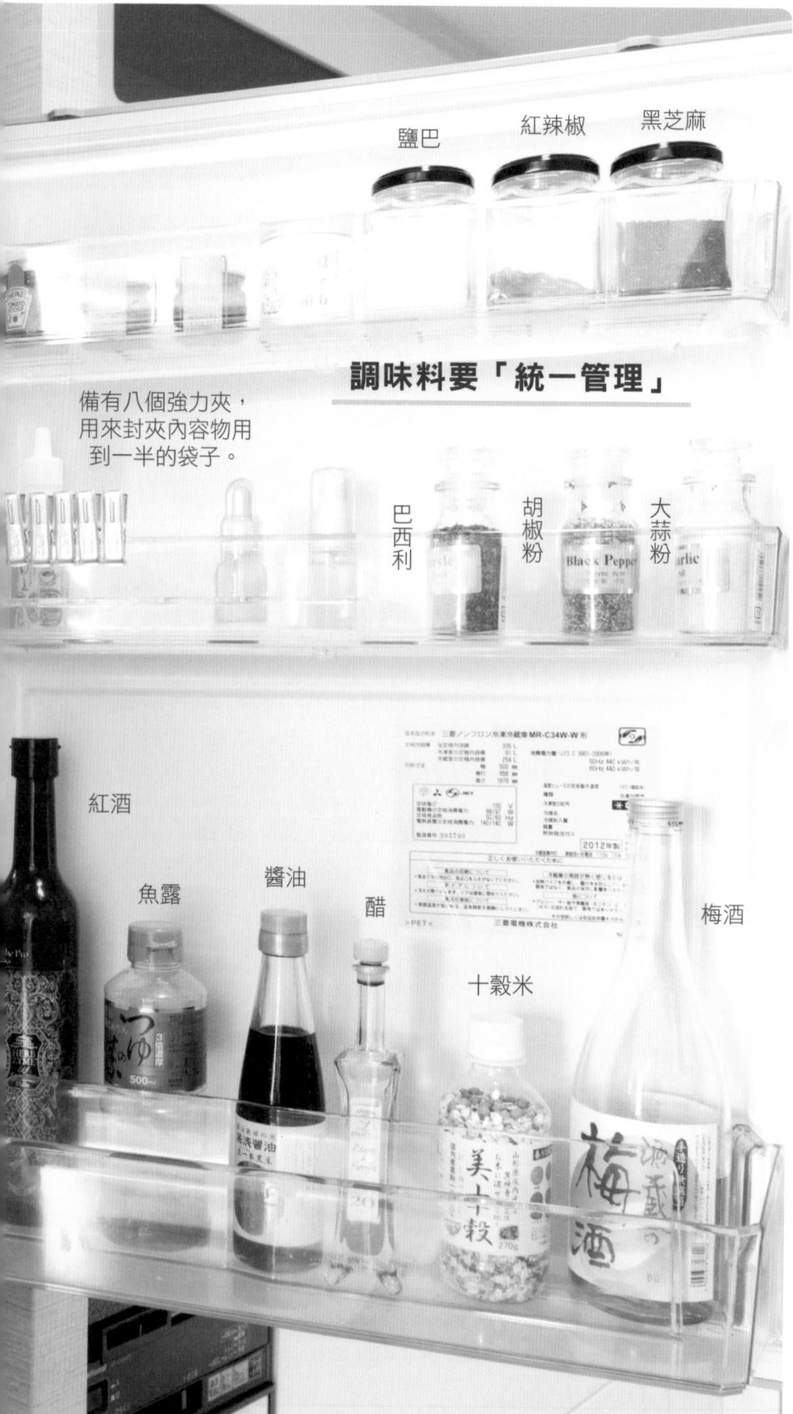
鹽巴
紅辣椒
黑芝麻
調味料要「統一管理」
備有八個強力夾，用來封夾內容物用到一半的袋子。
巴西利
胡椒粉
大蒜粉
Black Pepper
紅酒
魚露
醬油
醋
十穀米
梅酒

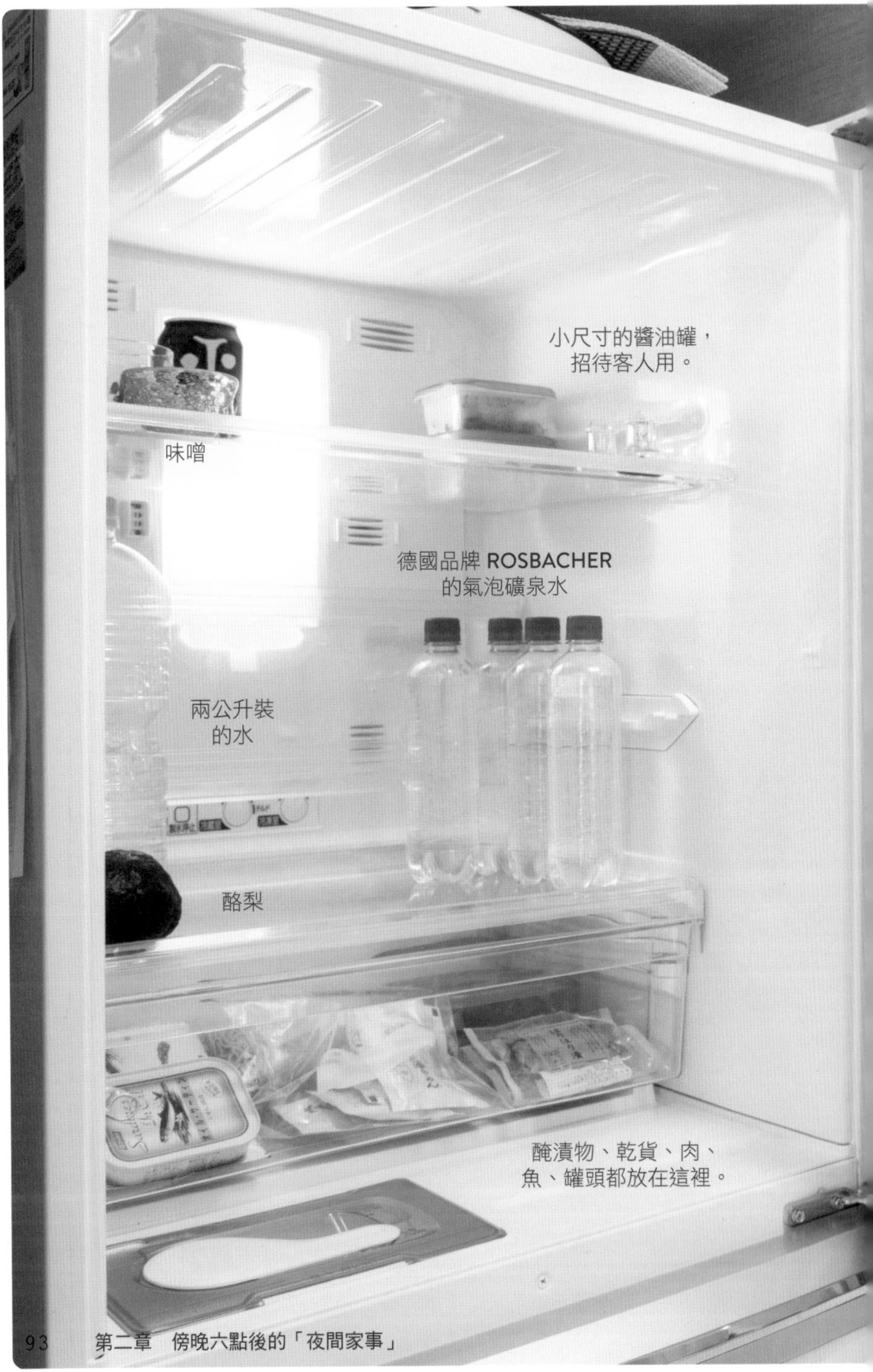
小尺寸的醬油罐，
招待客人用。
味噌
德國品牌 ROSBACHER
的氣泡礦泉水
兩公升裝
的水
酪梨
醃漬物、乾貨、肉、
魚、罐頭都放在這裡。

## 常用物品也應「統一管理」

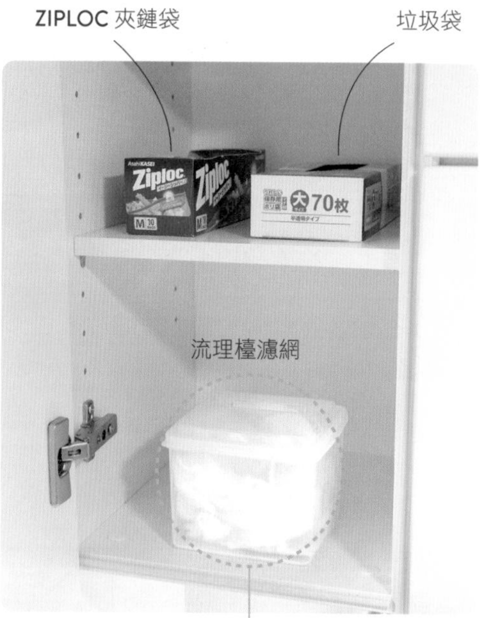

### 流理檯濾網也要從包裝袋中取出

廚房的流理檯濾網要先從外包裝中拿出來，並統一放到透明的容器，擺在流理檯上方的櫃子中。

# 不需要有蓋子的容器

## 一個動作就能取用的透明袋子

塑膠盒這類的密封容器非常便利，各位家中共有幾個呢？大塑膠盒裡裝著中塑膠盒，中塑膠盒裡還有小塑膠盒。家裡放了上百個塑膠盒，甚至還有塑膠盒專用的收納空間。我時常聽到上述情況，但是越來越多的塑膠盒，真的有發揮到用處嗎？

我為了預防密封容器增加，刻意把容器收在冰箱，並限定「總量」，最多只放十個小型密封容器（ZIPLOC 商品），以及五個大型盒子。若有煮好的白飯就分成小袋裝後冷凍保存，便於之後使用。

不過，最近我也開始轉向將「密封容器」斷捨離，改用 ZIPLOC 出品的密封袋。這是因為密封容器皆有蓋子，不能立刻取出食材，而且盒子容易上下堆疊，會讓人不經意地越積越多。

前一陣子，我去一位學生家中查看廚房的使用情形。她的冰箱裡放了三十九元商店購入的雙層抽屜托盤，設計成需要拉出托盤才能拿取放在裡面的東西。

不過她打開冰箱時，卻是直接伸手進去拿食材，抽屜托盤根本失去了伸縮的功能。換句話說，她並不需要收納托盤。雖然商品廣告高唱著「拉出收納托盤，生活更便利」，實際使用時卻沒有「拉出」的動作。

不少人在使用冰箱時，只會將東西放在外層位置，而甚少用到內部空間，若是如此，還不如乾脆換成薄型冰箱。

正因如此，我個人偏愛使用密封袋。使用密封袋幾乎只需一個動作就能取用，也能用完即丟。有的人會重複清洗利用，不過這樣會多出清洗與晾乾的麻煩，但選擇使用袋子，不就是為了節省麻煩嗎？

米我也是用密封袋保存。最初先裝在兩公斤裝的大容量袋子，等米量減少後，再分裝到小袋子。

我家中的冰箱門架上還夾了八個強力夾，這是用來封裝沒使用完而裝袋的食材。當俯瞰檢視冰箱時，夾子就能提醒自己「這個只吃到一半」。

「透明收納」一清二楚

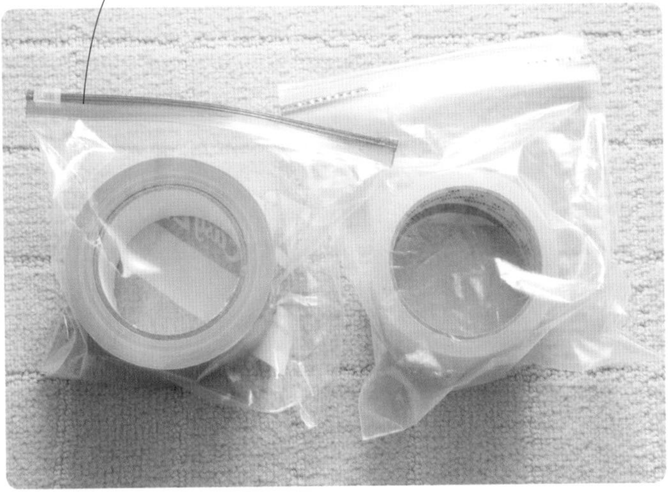
ZIPLOC 夾鏈袋是我的愛用品

## 封箱膠帶也收到透明的袋子裡

密封袋不只能活用於冰箱區。把黏人的封箱膠帶放到密封袋就不會亂黏東西，毫無壓力。

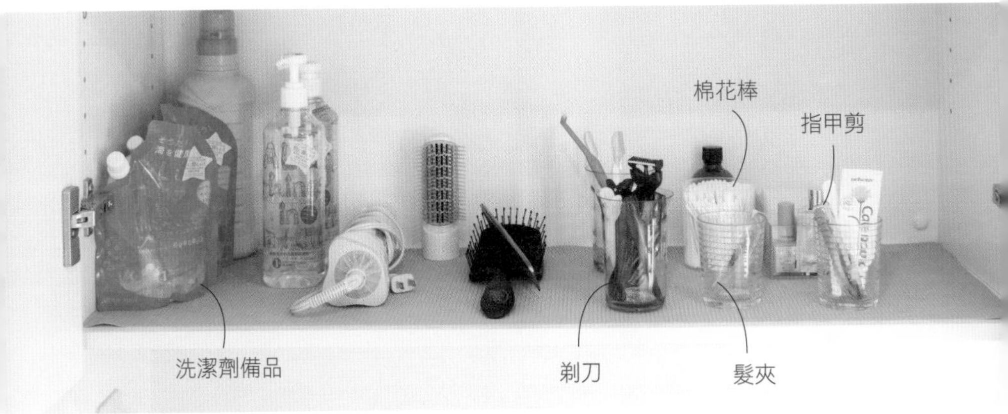
棉花棒
指甲剪
洗潔劑備品
剃刀
髮夾

## 洗臉檯的東西也要一個動作就能拿取

洗臉檯會用到的東西分類整理後放到透明玻璃杯，並收到洗衣機上的櫃子裡。容易弄丟的梳子、刷子也都放在一起。實現「打開櫃門就能拿到東西」的目標。

# 放在廚房可見之處的東西要極度少量化

## 依造型外觀選購鍋具

以前我在某本雜誌上看到一則介紹英國廚房的文章，宣傳標題是「平面上只放一個水壺」，當下深有同感。

現在我的廚房裡，放眼所見只有擺飾容器、茶具、新買的蒸氣烤麵包機以及熱水壺。其他雜物都收進抽屜，餐具則收在櫃子裡。微波爐與電子鍋可以用其他用具替代，因此我將這兩者斷捨離。

生活中有所謂的「實用之美」，意思是好用的東西是經由工匠、職人精心設計製作而成，自然也會成為優美的物品。我挑選廚具就是基於這個重點。至今為止，我從外觀來選擇購買還未曾出錯過。

例如我家的鍋子跟平底鍋是使用 LE CREUSET 品牌的紅色鍋具。紅色同時也有促進食欲的功效。

標準尺寸的鍋子、稍大一點的橢圓形鍋子、煮白飯用的小鍋子，最後加上平底鍋，我

在角落擺上裝飾品，隨心情、季節更換。
位居視覺重點的水壺要細心刷洗乾淨。
在泰國購入的青瓷器皿是我的愛用品。
只有少量物品掛著，散發出輕盈感。

**讓人想下廚的廚房**

只放了水壺、容器、茶具組等少數愛用品的廚房，會令人湧起「來煮美食吧！」的心情。嫌下廚麻煩的人不妨從「減少物品」開始調整。

的家中總共有四個鍋子。我把鍋子放在瓦斯爐下的抽屜，能夠一眼俯瞰所有鍋子。鍋子下鋪著墊子（宜得利的矽膠墊），使鍋子之間保持足夠的空間，因此取用相當方便。這份便利性全都是因為我限制了鍋子的總數才能做到。我的廚房裡沒有不常用或者用起來不順手的鍋子。

要讓人在廚房舒服地下廚，「動作（勞力）比動線更需仔細考量」。

當我要用鍋子的時候，先拉出抽屜，接著一個動作就能拿出鍋子，煮好之後也能直接端上桌。如此大家應該也察覺到，漂亮的廚具不只是外觀精美，其實還另有優勢。

湯勺、鍋鏟等廚具「統一」放在

站在料理檯前或瓦斯爐邊就能伸手拿取的櫃子。很多人會把這些料理器具掛在牆上，但我個人並不喜歡在牆上掛很多東西。

我廚房的牆壁上只掛了小型砧板、隔熱手套與剪刀。

我喜歡少量東西掛起來的那種輕盈感。

取用餐具時也要以「幾乎能一次完成」為標準。因此要精簡數量，手邊只留下會珍惜使用的餐具。

為了實現「一次完成」的動作，餐具器皿要避免重疊放置。遇到需要疊放的情況，也只選擇極少量的同款式、同類型的東西，因為東西疊得越多，拿取的動作數也會隨之增加。過了一段時間，就會發生小碗盤被疊在大碗盤下面的難看畫面。

把碗盤或廚具放在櫃子中，像是在商店販售般地展示吧！讓用具之間留下喘息的「空間」，這麼做不只畫面美觀，也會大幅提升使用的流暢度。

泰國的湯匙
中國的布墊

## 享受喝杯茶的愉快時光

這套茶具組放在廚房的一角。因為我經常去中國跟台灣，常有機會發現好喝的茶，所以也常使用它們。我個人還會加蜂蜜到茶裡。

烤麵包專用的
蒸氣烤麵包機
BALMUDA

## 廚房裡的家電新成員

咖啡機被我斷捨離了，取而代之的是加強烤麵包功能的蒸氣烤麵包機。除了麵包以外，還能在家裡烤年糕，因而決定購入。

## 不需要菜單的小菜料理

料理的基本觀念是「簡單美味」、「豐富配菜的呈現」，僅此而已。

我從來不事先決定菜單，而是啟動我的「飲食雷達」。只專注於思考現在我想吃什麼，或者如果有客人來訪要一起吃什麼。

除此之外，我也會檢視「冰箱內現有的食材」並納入考量，如果夠用的話就開始下廚，若不夠就去採購。在商店採買食材時也要啟動「飲食雷達」。

以下將介紹來訪的客人最喜歡的菜色。材料相當簡單，只要準備高麗菜、沙丁魚罐頭以及辛香料，就可以動手囉！

### 清蒸高麗菜沙丁魚

食譜

1 高麗菜洗淨切絲，放入鍋中。

2 將罐頭內的油漬沙丁魚鋪在高麗菜上，約蒸十五分鐘，之後以胡椒鹽或日本酒調味。

3 最後撒些辛香料（如巴西利），直接連鍋子（**LE CREUSET**）一起上桌。

作法是不是很容易？不需要烤箱，用清蒸即可完成。

這道料理的重點全在於「食材」。新鮮的高麗菜就能使菜餚變得非常美味，油漬沙丁魚也不用吝嗇，購買高級一點的罐頭。沒錯，料理的關鍵就是食材。

我有位朋友也曾這樣說過：「我很常做水煮馬鈴薯跟蘿蔔沙拉。可是一旦用便宜的馬鈴薯去煮，就會變得非常難吃。沒想到只是想省個幾十塊，卻影響了整體成果。」

此外，我的個人守則是「料理要美觀」。但不需要特地學習刀工或擺盤，只要添加一些辛香料或是配菜，就能變身成一道精緻的待客料理。

例如將用剩的蔥跟蘘荷切成細絲，放到冷凍庫保存。我並不會為了做配菜而去採購蔥跟蘘荷，而是會使用剩下的食材。

這類辛香料長期放在冷凍庫的話會結霜，所以一定要趕快食用。如果沒用完，就只好忍痛丟掉。儘管沒用完就丟掉會產生罪惡感，可是這也算是一種「常備菜」，就當做它本來就用不完，逼不得已才這麼做。我們必須從「自己能用完的幻想」中解脫。

其餘像是秋葵、香菜、岩海苔、鰹魚片等各種調味辛香料，我也會另外保存。在豆腐上撒一點辛香料就可以變成精緻小菜，烏龍冷麵加上滿滿的辛香料也是我喜歡的吃法。

## 「蔬菜直接下鍋」，善用水煮、清炒、清蒸

雖然我喜歡把煮熟蔬菜切碎後鋪在米飯上拌一拌享用，但也喜歡將整個蔬菜直接單獨料理。蘆筍、秋葵、蔥、香菇等，全都直接倒進鍋中，最後加點醬油，就能做出十分美味又漂亮的菜餚。

料理方式也很簡單，只要煎、或蒸、或煮，也可以直接食用。我經常選擇不用切的蔬菜，洗淨後直接清炒、清蒸或水煮完成。你也可依自己的喜好添加肉類。不論和風、西式或中式，都能隨自己「變化」。

正因如此，使用「新鮮的蔬菜」便是關鍵。如果精選品質較好的起司、胡椒鹽來調味，味道馬上就會大大升級。

### 培根風味燉大蔥

食譜

1 把新鮮的大蔥洗淨，切成長五公分左右的粗段。

2 鍋中倒入一半的水，加入做為湯底用的法式清湯，和大蔥一起燉煮。

3 最後撒上切細狀的乾培根即完成。

在各種蔬菜單品料理中，我最推薦易做又好吃的蔥料理。

是不是很簡單呢？這一道菜非常美味喔！

再想出「英子流培根風味燉大蔥」這個菜名，也會有箇中趣味，搭配一首詩也不錯。

下列的其他菜色也很美味。

如大家所見，我的調味基本上都是使用醬油而已。

## 蔬菜的單品料理食譜

### 秋葵涼拌生豆皮

將秋葵放入加了一小撮鹽的滾水中稍微汆燙，瀝乾水分後和生豆皮一起拌，再倒入醬油調味（若用高湯醬油會更美味）。

### 醬油蘆筍

將蘆筍放入加了一小撮鹽的滾水中汆燙，瀝乾水分後淋上醬油（享受食材原味）。

### 香濃番茄湯

番茄切成四等分，加入法式高湯燉煮成湯（待番茄熬出香味後美味倍增）。

### 金黃炒彩椒

把紅、黃、橘色的彩椒切成條狀，放到鐵板上炒，最後再淋醬油。

### 酪梨佐藍起司

酪梨切成大塊狀，撒上藍起司，再拌入醬油。

### 梅乾納豆

把小粒納豆和撕成略大片的梅子肉拌勻，搭配秋葵，或蔥之類的辛香料當配菜。

### 清炒蘆筍

在蘆筍中加入帕馬森起司以及橄欖油、胡椒鹽，然後清炒。

### 烤青椒

青椒淋上橄欖油後用烤箱烘烤即可（這也是享受食材原味）。

### 海帶芽沙拉

將海帶芽拌以芝麻油、酸橘醋即可。

# 「用完就收」是基本原則

## 不阻礙「流程」進行

吃東西、喝飲料、使用物品之後都必須收拾。這看似理所當然，實踐起來卻意外地困難。我常看到大家「拍拍屁股走人」的畫面。例如，搭飛機的乘客把機上的毯子隨意揉成一團後就直接下飛機，大家就連幫忙對摺這樣子的隨手舉動也做不到，會摺好毛毯的人少之又少。

當我搭乘新幹線時，也發現廁所裡的衛生紙總是滿出垃圾桶，先把衛生紙壓下去再離開已經成了我的習慣。我經常造訪中國，廁所衛生紙不丟進馬桶是他們的文化，也許是因為當地的硬水難以溶解衛生紙，不過衛生紙成山地堆在垃圾桶，實在是一幅糟糕的景象。

可是在日本也一樣。只不過日本清潔維護的次數比較多，立刻就有相關人員將廁所打掃乾淨，因此才給人不髒亂的感覺，實際上與其他國家並無差異。

維護的真意便是讓流程不因此停滯、受到阻礙。

我希望大家能夠記得，任何家事都不該累積或拖延。

當然，人總會累積或擱置事務，而斷捨離講求的就是趕快動手將事情恢復原狀。

# 用紙巾擦拭餐具

## 「用完即丟」，所以快又乾淨

每次下廚後都要整理收拾，但是不喜歡做事後收拾的人應該不少吧？這種事也是累積越多就越麻煩的家事。讓我們用「分次型家事」來減輕心理負擔吧！

煮飯時一邊將用完的廚具馬上清洗乾淨。

吃完飯就立刻洗碗，這樣反而比較不費事。只是洗兩、三個碗並不會覺得辛苦，但要洗堆積如山的碗時，難度就會大幅增加。等累積後再統一處理就會演變成大工程。

也有人採取「等洗碗機裡的碗盤放滿了再按開關」的方針，這也是看似合理、實則不然的「總合型家事」。「在電費較便宜的時間再開，省了十元！」這種生活過得太可憐了，這是錯誤的「節省」。將待洗餐具長時間放在洗碗機裡，會衍生出「等待時間」的壓力。如果餐具數量不多，還是當下清洗才好，讓家事的流程保持順暢流通。

「分次型家事」的得力小幫手是紙巾。洗完餐具後不使用瀝水架，改用紙巾擦拭掉水分，畢竟堆滿碗盤的瀝水架一點也不美觀。

洗碗的順序如下：

1. 先將紙巾鋪在流理檯旁邊。
2. 洗好的餐具放在紙巾上瀝乾。
3. 等到水滴完，拿新的紙巾擦乾餐具並收進櫥櫃。

利用紙巾先提醒自己「只是暫時放著」，連接下一步把碗收進櫃子的動作。從料理檯到流理檯全都用一張紙巾擦淨，用完之後丟到垃圾桶。

沒錯，這樣用完即丟實在很方便。

家中需要「清掃、擦拭、刷洗」的工作，我幾乎都用一次性的東西清理。

比如洗碗用的海綿約二至三天為一循環，定期更換新品。洗碗海綿根本是細菌的溫床，我一點也不想用到發黑才替換。

我也不用桌巾、碗盤清潔布、抹布。像我婆婆的習慣是隨用隨清，很多人也是這樣做，但我認為如果可以完全不用抹布那該有多輕鬆呢？這種布類使用完還得事後清理，例如洗完後要消毒晾乾，既麻煩又占位子，環境更不美觀，也比不上用紙巾來得潔淨。

我把紙巾放在流理檯或洗臉檯下面等位置，「想用的時候馬上就有」，讓紙巾與使用地點結合。備用品則是收在玄關處的櫃子裡「統一管理」。

# 事後收拾快速又美觀

## 環保的多用途洗潔精

建議大家使用也能用於清洗食材的植物洗潔精。用來洗碗和居家清洗非常實用。

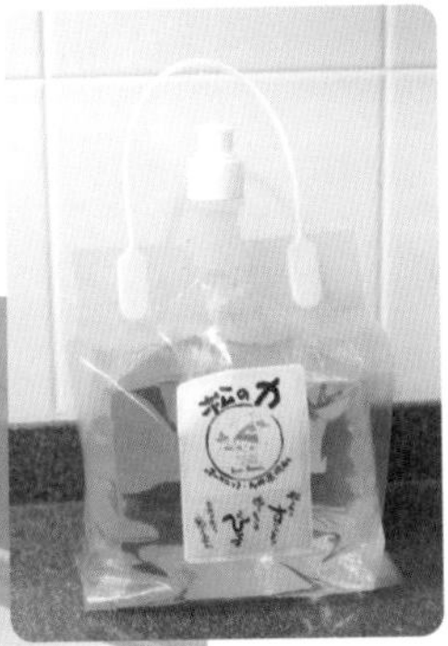

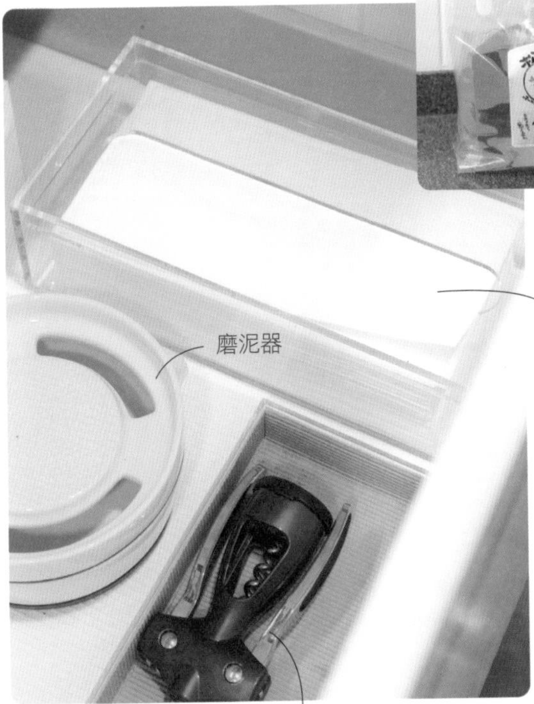


## 到處都能善用紙巾

廚房最棒的小幫手就是紙巾。收在流理檯抽屜裡的透明盒中隨時備戰。

## 在易活動的空間完成收拾作業

等餐具晾乾之後用紙巾擦乾淨，再放回固定位置。

# 捨棄增加清潔困難度的墊子

## 不知不覺間就囤積的東西

我家不用廁所拖鞋。話雖如此，有時候來訪的客人還是會需要拖鞋，我只在這種時刻會拿出拖鞋。平常廁所如果乾淨無虞，那就沒必要穿拖鞋。廁所拖鞋原本是為了會弄濕地板的濕式浴廁而準備，不過現在因為地面上不再有排水孔，地板可以隨時保持乾燥，所以不再需要。

廁所拖鞋的管理也很麻煩。因為拖鞋很髒，導致廁所地板也很髒。馬桶坐墊、廁所地墊也一樣，要維持這些物品的清潔極為困難。

除此之外，門口地墊、廚房地墊也需要辛苦維護，因此我家裡都沒有放。有的人在陽台、廚房的出入口處一定會放墊子，究竟是為了什麼而放呢？

地墊產品是一種思考停滯的證明。這只是我們延續父母親那代的做法，白白增加了維護的動作，甚至讓打掃房間變得更麻煩，最終演變成「被物品主導」的取向。

我再重申一次，物品是伴隨時間、空間、勞力所組成，因此減少身邊物品，必定能讓時間、空間、精力再次回到你的身上。

## 有清爽平面的舒適空間

### 讓廁所內的短暫時光成為一種享受

擺放在祕魯的街角購入的畫，或是風趣的擺飾，打造出享受「短暫時光」的空間。這些東西也能成為與客人的話題之一，可時常更換。

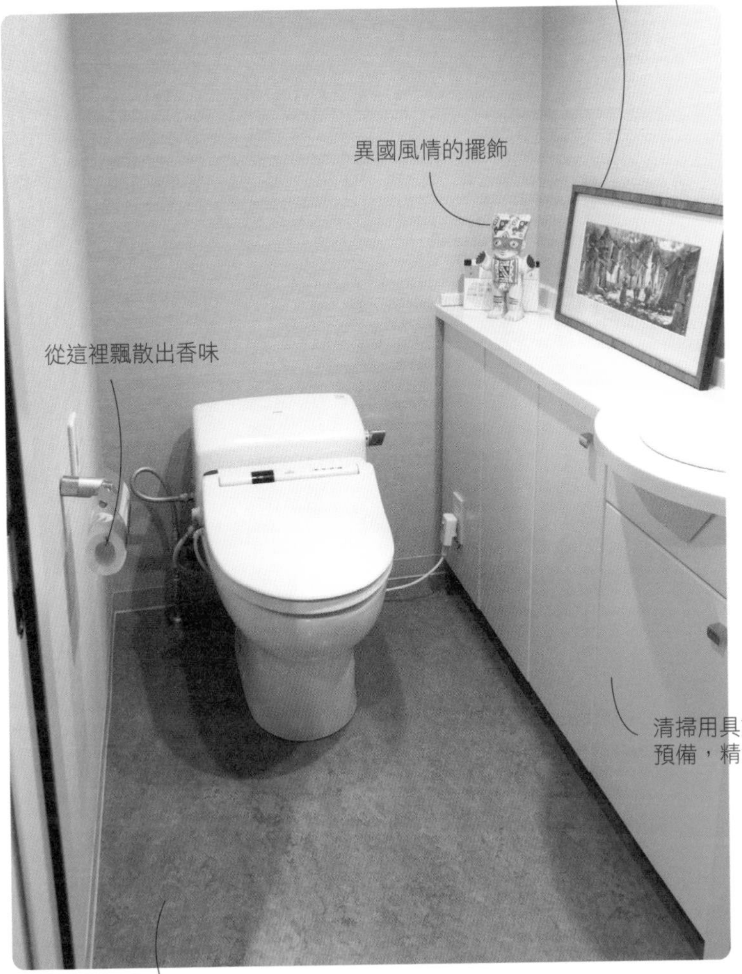

異國風情的擺飾
從這裡飄散出香味
清掃用具放在這邊預備，精油也是。


### 地板無雜物

沒有了地墊跟拖鞋，廁所感覺更加寬敞。只要用濕紙巾擦拭馬桶周圍以及地板，就能保持乾淨，甚至也能用來擦淨馬桶內側。

# 使用垃圾袋不小氣

## 捨棄「填滿再丟」的想法

大家都在什麼時候把超市的塑膠袋丟掉呢？

應該有不少人會說「我不會丟掉，因為有時可能會用到」吧？有的人還會細心地把塑膠袋摺成三角形收起來備用。

把塑膠袋當作垃圾袋使用，的確十分方便。它本來就是裝食材用的袋子，可能多少有點髒汙，正好能拿來裝廚餘。換句話說，外包裝塑膠袋留在家中的時間其實很短暫。

塑膠袋每天都會增加，因此抱持著絕不超過「總數量限制」的想法非常重要。

覺得把塑膠袋丟掉很浪費？請試著將塑膠袋摺成三折的時間換算成時薪看看吧！但我認為大家並不需要糾結於垃圾袋的問題，因為現在任何東西都很容易取得，只是會想留下塑膠袋的人並沒有這層自覺。換個角度想，你覺得非要一直拿新袋子不可嗎？

我個人是「斷絕」使用塑膠袋的習慣。

我去超市時會自行攜帶環保袋。扔廚餘與垃圾的專用袋是另外購入，依據自己家庭情形，選擇不同尺寸的袋子。這種專用袋本身並不貴，外面還有一層包裝，不會到處散亂，跟占用空間的塑膠袋不同。丟垃圾時從小袋子開始使用，在積滿垃圾之前就先束起袋口，丟到中尺寸的垃圾袋裡，然後一樣在快積滿之前綁起來，裝入大尺寸垃圾袋中再拿去垃圾場丟棄。如此便收拾完畢，不會產生任何異味。

## 垃圾桶收在流理檯下方抽屜

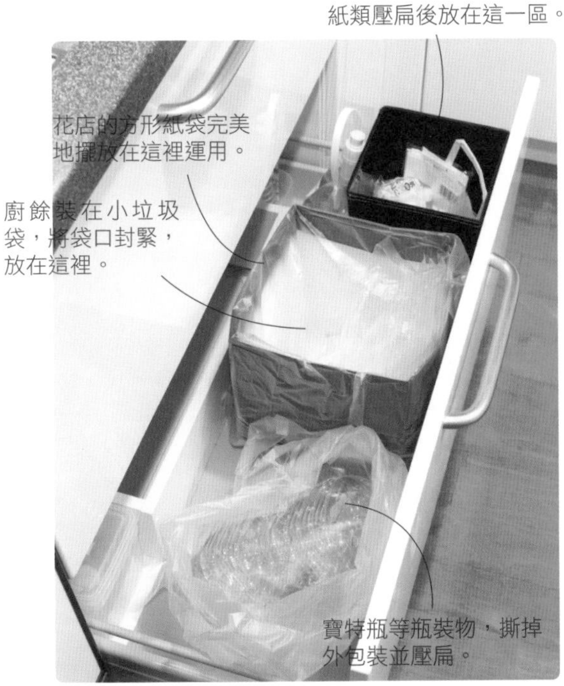
紙類壓扁後放在這一區。
花店的方形紙袋完美地擺放在這裡運用。
廚餘裝在小垃圾袋，將袋口封緊，放在這裡。
寶特瓶等瓶裝物，撕掉外包裝並壓扁。

### 沒有異味又美觀

我的方針是「丟棄時也要乾淨美觀」。在流理檯下方抽屜放置垃圾桶，分成紙類、廚餘、塑膠或玻璃等資源回收垃圾。並盡可能地減少廚餘露在外面的時間。

第三章

# 早上六點開始的「早晨家事」

## 在「我出門了」之前先做的快速家事

Panasonic
Wash & Dry

# 「早晨家事」守則

早安。

大家都怎麼迎接早晨呢？

我認為迎接早晨最理想的方式是「肚子餓了自然醒來」。腸胃獲得休息，可以大幅提升睡眠品質。早上我還有另一個固定行程，就是在溫熱的熱水中泡澡。

必須很早出門的人之中，不少人出門前總是慌慌張張的，根本沒時間做家事。在這種情況下的「早晨家事」，重點就是放在「只要先做這些，回家後會很輕鬆」的項目！

本章將會介紹「立即打掃」技巧、洗衣守則，以及縮短早上準備時間的方法。

以下是我的「早晨家事」流程。雖然我通常是早上五點起床，不過大家試著從自己起床的一貫時間開始做家事即可。

## 山下英子流的「早晨家事」流程

清晨五點

### 晚睡早起的生活

通常都睡到自然醒。因為肚子餓而清醒的早晨會充滿朝氣。

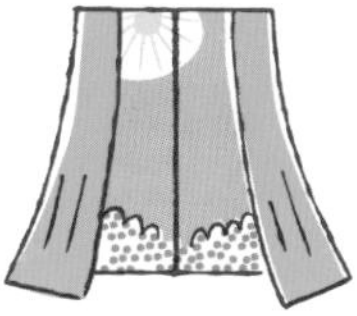

### 先拉開窗簾

在日出前拉開窗簾，欣賞遠方逐漸泛起魚肚白的窗外景色。

### 摺好棉被

從舒適的核桃色原木榻榻米床起身，透過摺被子來活動身體。

### 照顧觀賞植物

種植不怕乾燥的強壯植物，它們會自己告訴我「澆水的時機」。

## 拉開窗簾，活動身體

我基本上都過著晚睡早起的生活。雖然在寫書期間生活作息會變得非常紊亂，但我不會設鬧鐘，大部分都是自然醒。

起床後我會率先拉開窗簾。這時候陽光尚未灑落東京街道，看著四周緩緩地被照亮，心情也會跟著打起精神。將鋪在床上的被子摺起，讓身體開始活動。

接著查看室內盆栽。我替觀賞植物澆水的頻率會依季節而異，夏天是每週一次，冬天是兩週一次，我都是選擇種不怕乾燥、易於照顧的強壯植物。花瓶則是每天都會換水。忙碌的生活會因為有花草的環繞而感到溫暖放鬆。

清晨五點三十分

等放熱水的時間
先吃早餐

從寢室直接走到浴室，浴缸裡開始放早上泡澡的水。

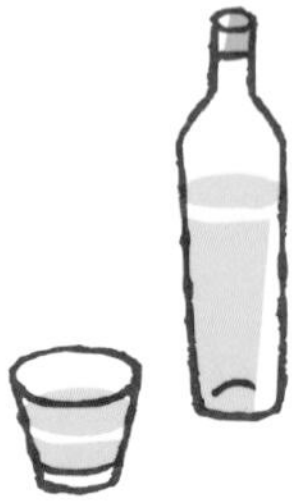

早餐以輕食為主

今天選擇喝酵素果汁。加點氣泡水一起喝，甜度剛好，口感清爽。

用紙巾仔細擦拭

吃完飯後馬上洗碗，不要閒置。垃圾袋要立刻綁起來。

## 垃圾袋口要馬上綁起來

我習慣在早上泡澡，所以起床後會先去放熱水，然後趁這段時間吃早餐。

一般都是非常簡單的生雞蛋拌飯或是昨夜的剩菜，不過最近常常只喝酵素果汁。因為我發現早上吃輕食對我的身體運作比較好。（每個人的身體與健康狀況不同，應選擇適合自己的早餐）

早上簡單吃，收拾起來也容易。洗好的餐具先倒扣在紙巾上滴水，儘早擦拭乾淨後收進櫃子。再拿用過的紙巾將流理檯擦拭一遍後丟棄，並把裝廚餘的小垃圾袋綁緊。

不在家的時間，如果想到廚房還堆著東西或垃圾，肯定會讓人心煩意亂。

## 早上六點三十分

**洗衣機 ON！**
**朝浴室 GO！**

趁洗衣機喀咚喀咚地運作時，去泡晨澡。在偏熱的熱水中泡五分鐘。

**容易打掃的浴室**

用肥皂與海綿打掃浴室。每次都「立刻就做」，所以不需用力刷洗。

**用衣架將衣服掛在浴室桿子上晾乾**

洗好的襯衫、睡衣都用衣架掛起來。毛巾、長褲、絲襪則直接掛在桿子上。

## 浴室跟洗好的衣服一起烘乾

進浴室後，連同身上穿的衣服都脫下來放入洗衣機開始清洗。

趁洗衣服的時候去泡澡，我通常會泡五分鐘左右。泡澡用具全都是攜入式，離開時就會一併帶出去。

泡完澡後將浴缸水放掉，順便清掃浴室。將排水孔的頭髮清掉，用海綿刷洗浴缸跟地板。不用清潔劑，只用洗澡用的肥皂即可。因為浴室沒有堆放雜物，所以很快便能結束打掃。

衣服洗好之後，拿衣架掛在浴室橫桿上晾乾，毛巾就直接掛在桿子上。離開前，我會打開浴室乾燥機的定時乾燥功能。

**化妝也是一種禮儀**

有工作的日子會稍微上妝，待在家裡的日子都保持素顏。

**馬桶「用完隨手擦」**

清掃的時候，也順便利用精油香氛打造「舒適空間」。

## 水龍頭要擦得閃閃發亮

刷牙後是化妝時間。因為宣傳「斷捨離」的關係，我開始會在公眾前演講，需要特別注重儀容，因此養成了化妝的習慣。儘管如此，洗臉後我都是採「順其自然的保養」，不特別花功夫。

化妝用品都放在鏡子門後面，洗臉檯上沒有擺放任何瓶罐。我會拿放在抽屜的紙巾將鏡子跟洗臉檯上的水珠擦拭乾淨，並把水龍頭擦得閃閃發亮。

每次如廁完我都會「立刻清掃」，通常用紙巾擦拭便能保持乾淨。而且我還會在衛生紙捲中塞入沾了精油的化妝棉，讓廁所飄散著陣陣香味，算是一種款待自己的方式。

早上九點

**穿上昨晚**
**事先準備的衣服**

就算是急急忙忙的早晨，也只要從「明日衣服專區」拿出上班服即可。

**出門前檢查各平面**

雜物雖然不多，但仍有幾個「暫時放著」的物品，因此會巡視一遍。

**說聲「我出門囉」**

收拾好房間再出門，就像穿著高級服飾出門一樣，心情非常輕鬆愉快。

## 視野所及的平面保持淨空

穿上衣櫥裡面「明日衣服專區」的衣服，並挑選搭配的包包，再從「用來清空包包物品的籃子」中，選出攜帶物放入包包。

我出門前有個習慣，會讓地板、桌面（視野內的平面都算）露出乾淨的平面，也就是不堆放任何物品在上面。清除地板雜物後，再啟動掃地機器人。

出門時順便將昨天晚上綁好的垃圾袋（大尺寸）拿到大樓設置的垃圾回收區扔棄。居住在有人管理的高樓公寓最棒的一點就是能每天隨時倒垃圾。

在玄關檢查好服裝儀容，就可以帶著愉快的心情出門囉！

# 不要被「完美的早餐」束縛

## 早晨絕不勉強自己

早餐的英文是Breakfast，意思是解除（Break）斷食（Fast）。早餐就該在饑餓的時刻享用才最美味。

若睡前吃太飽會無法完全消化，導致清醒時多少殘留著疲勞感。這樣的早晨我會省略不吃早餐，只喝一杯酵素果汁，透過我自己的「Fasting（斷食）法」調整身心狀況。

「早餐一定要正確地吃！」

有的人會抱持這樣的想法，不過到底何謂「正確」呢？飲食規律？三菜一湯？

我認為飲食應該要「問自己的身體」才對。

有些早晨想吃早餐，有時候卻不想吃。腸胃易受心靈影響，也容易感到疲累。原則上確實應該要正常規律地吃飯，可是一般人想在不規律的生活裡要求規律飲食，這是不可能的任務。

忍耐饑餓十分難受，吃太飽也很痛苦。我認為早餐有兩個需要注意的要點。第一，今天要吃還是不吃。第二，你想吃什麼。

一律規定要「正確飲食」是不可能的任務。想正確飲食，就得過著正確的生活步調。我們必須先檢視生活習慣，接著才去選擇早餐。

「飲食」是非常個人且主觀的事，強調「正確」只會造成壓力。一味要求「正確」也就表示你在問自己的大腦該不該吃，而不是問自己的身體需不需要。

得幫家人準備早餐的人也一樣，其實你們不必每天要求「正確地吃早餐」。現在是一個主張「一菜一湯」、營養過剩的時代，即使「稍微偷點懶」也無妨，只要家人與自己吃得愉快就好。

千萬不要讓美味的早餐被「不得不為」所束縛了。

# 浴室裡不放任何東西

## 肥皂跟清掃用品都採攜入式

近來有不少日本人已經沒有泡澡習慣了。體溫偏高的外國人選擇淋浴無可厚非，不過日本人還是傾向喜歡泡澡吧！淋浴跟那種打開毛細孔排毒的感覺完全不能相提並論。

有資料顯示，每天泡澡跟不泡澡的人，幸福賀爾蒙（血清素）的分泌量互不相同。

我是早上泡澡派。五點左右起床後先將浴缸放滿熱水，水溫設定為攝氏四十二度。早上「快速泡個熱水澡」是我的固定行程，這樣能活絡交感神經，讓大腦充滿精神。

相對地，若是晚上泡澡則是「適當地泡個溫水澡」，可刺激副交感神經，放鬆身心。聽說不要長時間泡澡對身體比較好。

我泡澡時都是採用「澡堂式」，意思是洗澡時再攜帶必要用品進浴室。我都用水瓢裝肥皂跟洗髮精，因此我家的浴室平常沒有堆放雜物。洗臉盆、洗澡凳、洗髮精、潤髮乳、洗面乳、毛巾等等，浴室裡什麼都沒有放。放浴缸蓋也只是徒增麻煩而已。海綿、刷具等清掃用品也都是另外攜入。

沒有雜物，打掃自然輕鬆。我從不另外用洗潔劑，只用洗澡用的肥皂順便清洗浴室。浴室的水垢其實就是自己的體垢，用肥皂清理即可。

接著我會撿起排水孔的頭髮，用海綿迅速擦一下排水孔後就離開浴室。因為我每次都「立刻清掃」，浴室不會產生黴菌、黏垢或頑固汙垢。

無論是任何事情都非常重視循環。當下撿起掉落的頭髮非常簡單，可是一想到要清理排水孔深處阻塞的毛髮，想必身心都會很抗拒吧？

我平常不使用洗潔劑等化學藥劑，讓浴室保持容易維護的狀態。

另外，我都把洗好的衣服晒在浴室再啟動乾燥機，因此也會連同浴室一起烘乾，完全不會滋長黴菌。

# 好清掃的浴室

垃圾桶也放在
抽屜裡

## 洗澡用具放在洗臉檯下面

毛巾、面紙、垃圾桶都收在抽屜裡。

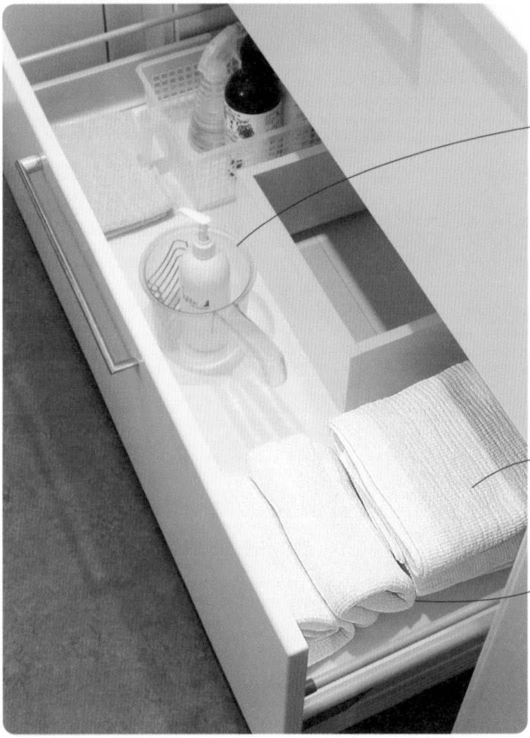
準備給客人用的
浴巾
每天使用的
擦臉毛巾

## 攜帶「澡堂用具組」，去泡澡囉！

像是水瓢、液體皂（有時是肥皂）等「澡堂用具組」放在洗臉檯的第二層抽屜。因為我會在浴室烘乾衣服，所以物品都採取攜入式。另外也是為了不讓熱氣損害無添加物的液體皂。

## 寬敞的平面

因為物品都採取「擕入式」，因此洗完澡後浴室沒有任何雜物。不僅打掃浴室更方便，也不用清理瓶罐上的黏滑汙垢。

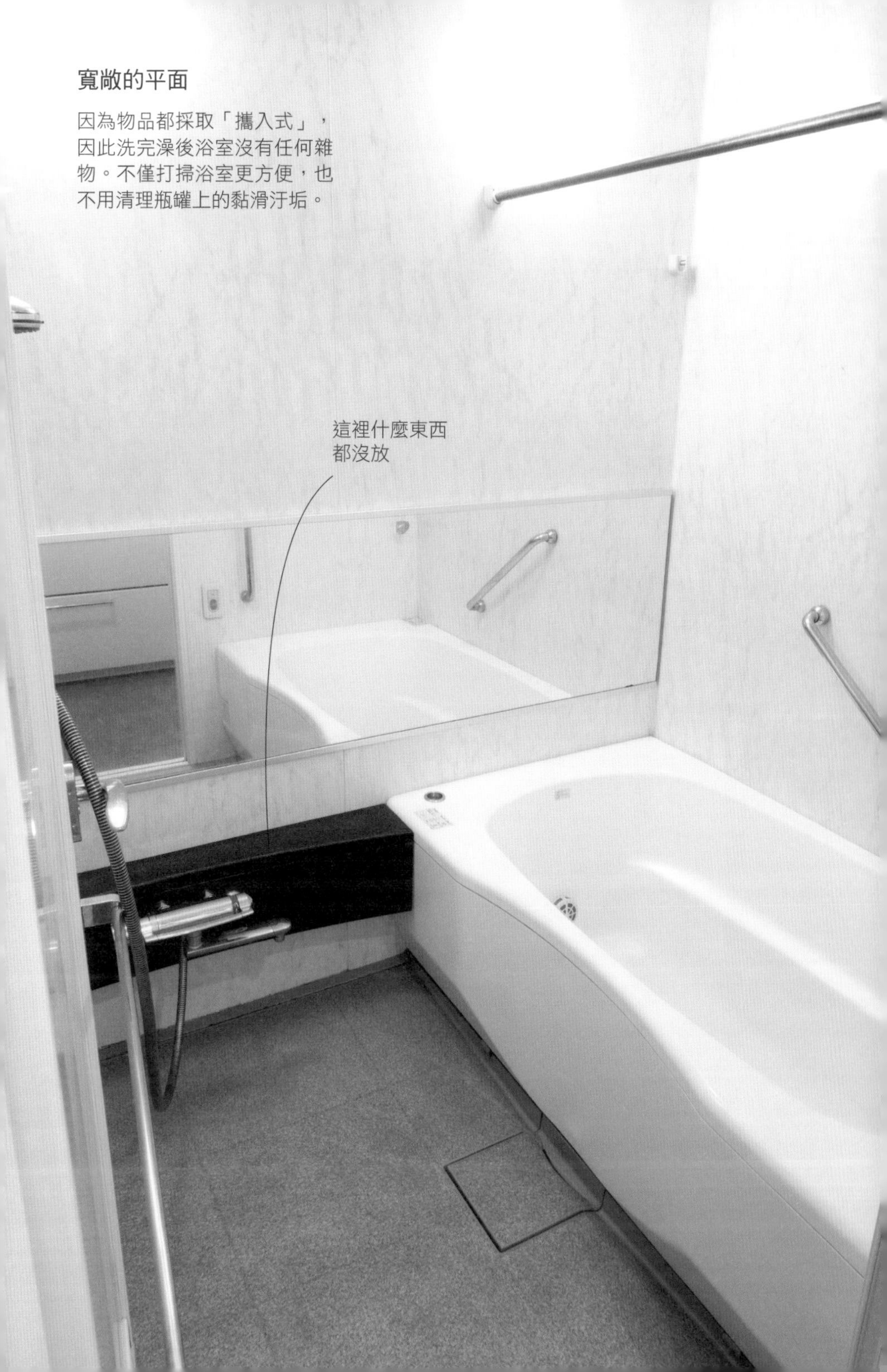

# 「立刻清掃」廁所只需一分鐘

## 沒有拖鞋跟地墊，因此總是能保持整潔

「家裡乾乾淨淨，廁所又臭又髒」——我一直希望大家能打破這堵心牆。如同我們以「美食」招待訪客一樣，「廁所」也應該給人相同的感覺。大家每天都很依賴廁所這個空間，當然希望廁所能保持在好的狀態，隨時打掃得乾乾淨淨。

我們要對廁所抱持感謝的心，用心去「清掃、擦拭、刷洗」。

我每次離開廁所時，都用紙巾擦拭馬桶座跟地板。就像洗掉身上的汗垢一般，廁所的汙垢也要在當下一併清除，這便是「立刻清掃」的精髓。若遇到頑固的髒汙，我就會拿廚房的舊海綿來刷。

不利於「立刻清掃」的用品，像是廁所地墊、馬桶坐墊、廁所拖鞋等雜物，都不要放在廁所，畢竟上廁所時多少會弄髒這些東西。那我們又要如何隨時保持它們的清潔呢？

若平常便勤快地打掃、維護整潔，遇到客人來訪前，也就不需動員全部的清潔用品，忙著到處打掃。

最重要的是，廁所保持潔淨，我們平日就不會充滿壓力。無時無刻不在內心某處煩惱著「必須清掃乾淨」，其實也是一種沉重負擔，很意外吧？

洗臉檯同樣要「立刻清掃」。隨手清理掉落的毛髮、擦拭飛濺的水珠、刷洗水龍頭、擦亮鏡子等。

讓「立刻清掃」變成一門愉快差事的訣竅就是不放置雜物。洗手皂、牙刷、牙膏、化妝用品、美髮用品、梳子等各種「每天使用的物品」，向來容易被堆放在洗臉檯上，建議統統收到櫃子裡吧！

用來清掃的紙巾我也收納在洗臉檯下面的抽屜。

大家覺得如何呢？打造出隨時能夠清掃的狀態，以及保持隨時都想打掃的心情，實在是至關重要。

如果地板放置了大量雜物，便不可能用吸塵器快速打掃。

如果桌上擺放了大量物品，便不可能輕易地擦拭完畢。

大家沒辦法做到「立刻清掃」是因為打掃前必須先收拾東西，光是這個步驟就已經讓人感到厭煩了。因此——

丟掉！丟掉！多餘的東西都丟掉吧！

## 不需要用「馬桶刷」打掃廁所

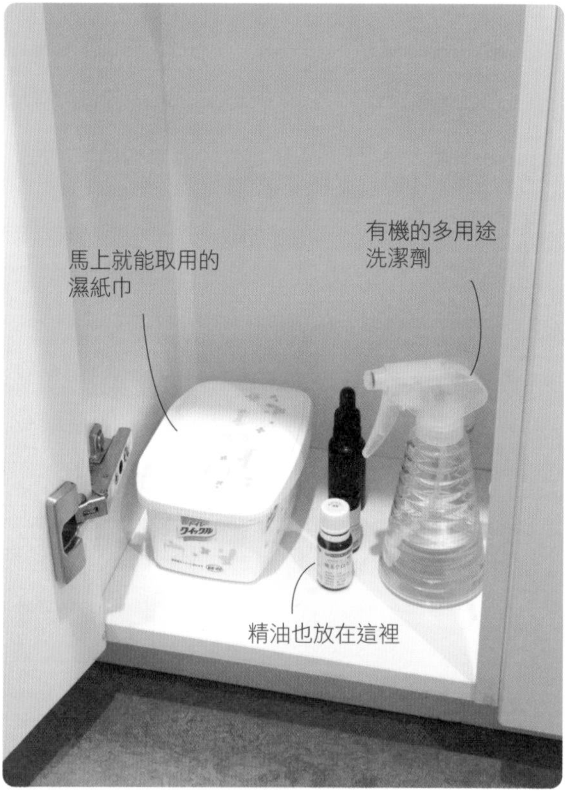
有機的多用途
洗潔劑
馬上就能取用的
濕紙巾
精油也放在這裡

### 清掃用具收在看不見的地方

清掃用具既占空間，看起來也不美觀，因此我把它們統一收在櫃子中。那馬桶刷呢？我都用濕紙巾擦拭馬桶內部，因此不需要專用刷具。

# 隨季節替換「三十九元商店用品」

## 不斷地購買，不斷地汰換

三十九元商店內擺滿可愛的商品，令人忍不住買個不停。「只要三十九元」，所以不用猶豫，馬上放入購物籃，結果結帳時總是超過好幾百元。

一回神才發現家裡早已變成三十九元商品的寶庫。住宅門面的玄關處擺了二十個三十九元的東西，共花費了七百八十元。這二十個雜物根本不可能逐個清潔保養，大部分都覆滿灰塵，但如果只放一個要價七百八十元的擺飾，反倒比較容易打掃。

這都是當事人忘記物品需要付出心力來維護與管理才導致的現象，當事人沒有發現這樣做讓「清掃、擦拭、刷洗」變得多麼麻煩。

說起來，很多人家中已經有許多雜物，卻仍舊很喜歡裝飾家裡。可愛、夢幻的飾品確實會讓人心情雀躍，但我要向大家強調，費心保養雜物是一件極為辛苦的差事。

雖說如此，我也不會說：「不可以買！」我十分贊成大家愉快地購物。三十九元商店的產品最適合買來當作季節擺飾。過年時放上年節裝飾品，到了萬聖節就放幽靈擺飾，這樣能夠讓人對節日、活動更加感到興奮。

不過當季物品就只留至季末，屬於節日的東西也只保留到節日結束，一旦時節過去，一定要把東西處理掉。

「不斷地購買，不斷地汰換」，這是斷捨離的基本。

似乎有許多人誤解「斷捨離」是指不持有任何庫存備品，事實上並非如此。

我拜訪過許多戶人家，對方最喜歡聽到我說「盡量買，然後盡量丟」。大家都喜歡買東西，而且現在又有很多商店的產品便宜又可愛。

我個人非常喜歡購物，認為花錢的瞬間十分美好。當然也曾有過「幹嘛買這個東西」的失敗經驗。

購物必定會經歷失敗選擇，就當成是獲得了重新審視自己與物品契合度的機會，然後「徹底捨棄不要的東西」。

「斷捨離」之後，可以讓我們看見以往沒看到的東西。經過斷捨離的過程，會開始注意到在過去忽略的灰塵、髒汙，也會因此體悟到「想要清掃、想要擦拭、想要刷洗」的心情。

# 不再「找不到電線」

髮束的新用法

## 利用髮束整理電線

飯店附有的盥洗用品中，有一種毛巾質地的髮束，很適合用來綁容易弄得亂七八糟的電線。跟橡皮筋不同，這種髮束「容易綁、容易拆」，看起來也很可愛。

## 預防電線失蹤的「數位用品籃」

相機、錄音機、手機、USB 記憶卡、充電器等便利的數位產品、電線類都統一收到書房櫃子的抽屜。依照用途統一管理就不會弄丟。

## 每天洗衣服

### 即使量少也不拖到明天

「等衣服累積多一點再一起洗。」這種做法乍看合理，實際上卻是令人窒息的「填滿想法」。

如果每天都有待洗衣物，那就每天洗衣服。

重點在於保持家事「流動」，讓事情進入「循環」。

我在早上泡澡時會同時啟動洗衣機。雖然一個人生活，衣物數量並不多，但我每天仍是「有衣服就馬上洗」。泡完澡之後，我會用衣架把洗淨、脫完水的衣服晾在浴室，毛巾、牛仔褲或是絲襪則直接掛在浴室的桿子上，並記得翻面晾。

雖然我也想把衣服晒在燦爛的陽光下，也覺得穿上留有太陽味道的衣服很舒服，不過我現在住在高樓層公寓，這點只能妥協。不過相對地，因為我將衣服晾在浴室，還能連同浴室一起烘乾，預防濕氣與黴菌，一石二鳥。

家事絕不能累積。

房間散落無數物品、成堆的髒衣服、堆積在流理檯的餐具……見到這些畫面頓時就讓人感到渾身無力、失去幹勁。正因自己心不甘情不願，提不起勁地做家事，家事才會這麼無趣，甚至毀了寶貴的休假。

由於我是入浴前就先洗衣服，所以擦拭身體的浴巾沒辦法當天洗，也就是說我只會剩下一點點待洗衣物。想必有的人很討厭「剩下一點點」，會選擇洗兩次吧？

像是我那位奉行「山下佳子式做法」（詳見第37頁）的婆婆就是討厭剩下工作的人，尤其是剩下垃圾，遇到一星期只能倒兩次垃圾的時候，就算在用餐時也一直收垃圾。她也會一天洗好幾次衣服。

我認為不可避免地會剩下一點工作，只是一兩條毛巾沒有當下洗淨的話，就睜一隻眼閉一隻眼吧！應該注意的問題是累積大量工作。如果試圖「等到週末再一併整理」，就會落入家事的陷阱。

# 賞心悅目的洗臉檯讓人感到舒適安心

## 陳列化妝用具

鏡子內側的收納櫃裡，一樣一樣地「間隔」擺放化妝用品。需要使用時依序取出，並放回原位。在這段時間裡可以讓人用心打理妝容。

## 飾品的休息室

回家後，摘下身上佩戴的飾品放在洗臉檯櫃子的白手帕上，讓飾品充分休息。高使用頻率的飾品就直接從這裡拿取。

# 衣服晾乾後，直接連衣架收進衣櫃

## 內衣褲收在無蓋的籃子內

很多人都覺得「所有家事中最討厭摺衣服」。用大容量洗衣機一口氣洗三十件衣服，結果晾晒耗時，收衣服也耗時，「摺衣服」更是忙得不可開交。收進屋裡之後堆放在沙發上的衣服山，稍微一不注意，就會逐漸變成更大一座。

當這個畫面在家中成為常態時，也難怪會令人厭煩。

於是我斷捨離了「摺衣服」這個動作。

「摺衣服」是一種重要的「收拾方式」，例如搭飛機時使用的毛毯必須摺好再歸還。但在忙碌的日常裡還得一件件地摺衣服的話就會讓人受不了，況且家庭人數多，衣服也會跟著成倍增加。

「衣服摺得好就可以收進更多的量到抽屜裡？」有一些「收納術」會教大家如何將衣服立著收納、捲起來收納等，其實都是很高難度的整理術。

抽屜本來就是難以善加利用的空間。抽屜的存在總是令人不自覺地想填滿它，因為無論擠多少東西在抽屜裡，只要一闔起來，環境看起來就很清爽，令人暫時鬆一口氣。不過，其實衣服不一定只能「收納在抽屜」，我要跟大家介紹「不摺衣服的收納技巧」，做法就是我慣用的「用衣架晾晒，用衣架收納」。

早上用衣架掛在浴室烘乾的衣服，到傍晚時直接連帶衣架一併收到衣櫥。T恤、上衣、睡衣、裙子，都省去了拿掉衣架並摺整齊的麻煩。晒衣服時若仔細整平皺摺，用衣架收納後也不需再熨燙。要穿的時候，只要從衣架取下便可。

內衣褲、內搭褲、絲襪、手帕、絲巾等衣物則放在衣櫃下方的無蓋籃子裡。由於沒有蓋子，因此「物品取出、收納都很容易」。

如果有蓋子，一蓋上就會看不見內容物，而一旦看不見內容物，我們就會忘記東西的存在，這是人的天性。忘記物品的存在，正是導致衣櫃擠滿了舊衣物的原因。

洗衣↓晾衣↓收衣↓穿衣

只要創造出這個「流程」，就能大幅縮短做家事的麻煩與時間。

#「不需摺疊直接收納」更好

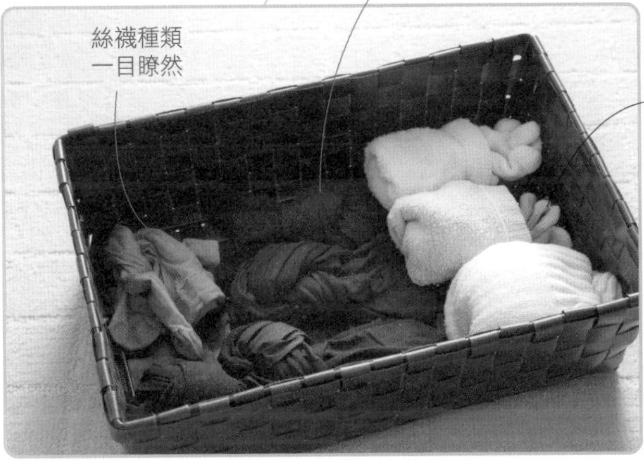


**收納在無蓋籃子裡**

內衣褲、內搭褲、絲襪、手帕，全部收在衣櫃裡的籃子。我的做法是內衣褲、內搭褲類的物品「總量」都維持各三套。

# 「洗衣、晾衣、收衣、穿衣」流程

## 泡澡前先洗衣服

即使衣服不多也要每天洗。脫下來的衣服一併放入洗衣機中，開始洗衣、沖水、脫水。

**100%天然植物成分的洗衣精**

我使用排放後不會汙染河川或海洋的品牌「All things in Nature」來洗衣服。

早晨

## 掛在浴室的橫桿上，啟動暖風乾燥機

拉平襯衫、上衣的皺摺，用衣架掛在浴室橫桿上晾乾。浴巾、被單等大型布料先對摺再掛在橫桿上，記得翻面一次。

**輕鬆穿衣**

掛在衣架上的衣服不用熨燙，取下衣架便可輕鬆穿戴。

夜晚

回到家後

衣服也全乾了。

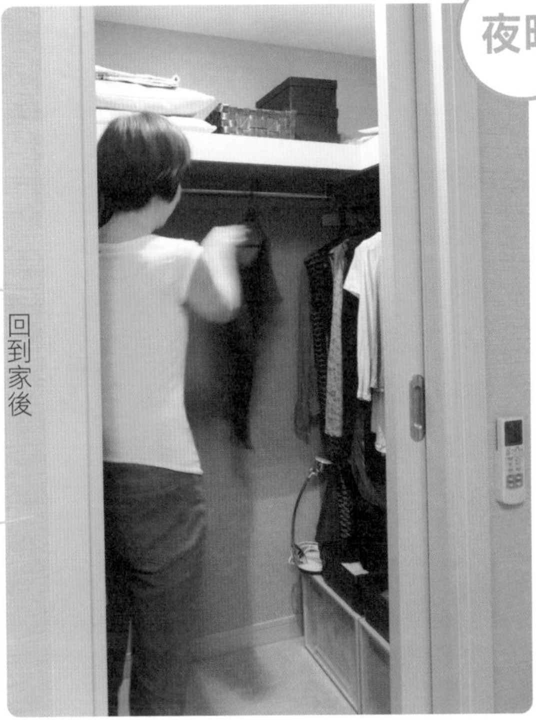

**連衣架一起收進衣櫃**

烘乾後的襯衫、上衣直接連同衣架收到衣櫃。絲襪、內衣褲放到衣櫃內的籃子。毛巾則收在洗臉檯下面的抽屜。

我出門囉

# 揮別「無衣可穿」的煩惱

## 用衣架來決定總數量

現代的衣櫃很多都是用衣桿圍成ㄇ字型。我的衣櫃大致分類成右邊掛日常服裝與睡衣，左邊則是上班服裝。我會空下衣櫃正中央的衣桿，設為「明日衣服專區」。

我的衣服都用衣架數來決定「總數量」。如果有一個空衣架，就表示「我還可以再買一件」。我也都使用精緻且同款式的衣架。這麼一來，哪件衣服掛在哪裡全都一目瞭然，自然沒有「明明有一堆衣服，卻沒有合適的衣服可穿！」的慌亂狀況。

對於適合該季節的喜愛衣物，就該穿上它、重複穿，然後汰換。當你不再非常想穿那件衣服，也就代表到了該放手的時機，這時也可以再添購新衣服填補空出來的衣架。

順帶一提，我現在的衣服「總數」是五套上班服裝、六套日常服裝以及居家睡衣，保持衣量不超過此總數的汰換循環。衣櫃也需要透透新鮮空氣。

話說回來，前面提到的「居家睡衣」這個詞其實並不精準。就寢時穿的服裝到底該叫什麼呢？說「運動服睡衣」覺得很孩子氣，但也不是連身睡衣。我都是穿布料鬆軟舒適的白色棉質上衣加上緊身褲，大致上以寬鬆為主，偶爾會走優雅風，抑或是運動風。

我認為「睡眠是一場旅行」，因此睡衣可說是「享受睡眠之旅的休閒服」。穿著這身衣服，暢遊七到八小時的旅行。即使生活上遇到有點討厭的事，一想到現在就要去旅行，心情就會振奮起來。

所以請不要覺得：「只是睡覺而已，穿什麼不都一樣嗎？」一定要對自己好一點。

枕頭收在這裡
這裡放
日常服裝
這裡放
上班服裝
這個空蕩蕩的位置是
用來放
「明天要穿的衣服」

**ㄇ字型衣桿的衣櫃**

正對衣櫃的左手邊是放上班服裝（用來活躍交感神經的衣服），右邊是日常服裝、居家睡衣（用來喚醒副交感神經的衣服），以此分類。正中央的衣桿則是「明日衣服專區」。

# 使用鬆軟舒適的毛巾過生活

## 善用贈送的毛巾來「擦拭清掃」

各位家中有幾條毛巾呢？

泡溫泉帶回來的毛巾、別人贈送的毛巾……毛巾是不是永無止境地出現呢？櫃子裡擠滿了堆疊的毛巾，疊在下面的根本毫無出場機會。

想要杜絕這種場面，就需要落實斷捨離中的「斷」，關鍵是在收到毛巾時就先拒絕。不過，有些東西沒辦法拒絕收下，例如新鄰居來打招呼時送的物品等。這些他人贈送的毛巾最適合拿來當抹布，我通常都是一收到毛巾就馬上使用，然後趕快丟棄。

我並非要大家「不用就直接丟掉」，而是讓東西物盡其用再與之告別。而且毛巾能夠「用力擦拭」，非常方便，具備紙巾沒有的優點。

我今天也拿了贈送的毛巾擦拭陽台的泥土汙漬，然後直接丟掉。沾到泥土漬的毛巾很難清洗，更何況我也不想拿又髒又黑的抹布擦拭家中。

會接觸到肌膚的浴巾、洗臉毛巾，我會另外選購自己喜歡的款式，並以重視肌膚觸感為主要考量。我偏好使用大小與款式一致的飯店式白色素面毛巾，會多花點預算購買高品質商品。

數量方面總共是兩條浴巾、六條洗臉毛巾。我平常不用浴巾，只是為訪客而準備。布面經過多次清洗，觸感變粗糙後，我就會替換成新毛巾，週期約為一年更換一次。使用鬆軟的毛巾會帶給人幸福的感覺。

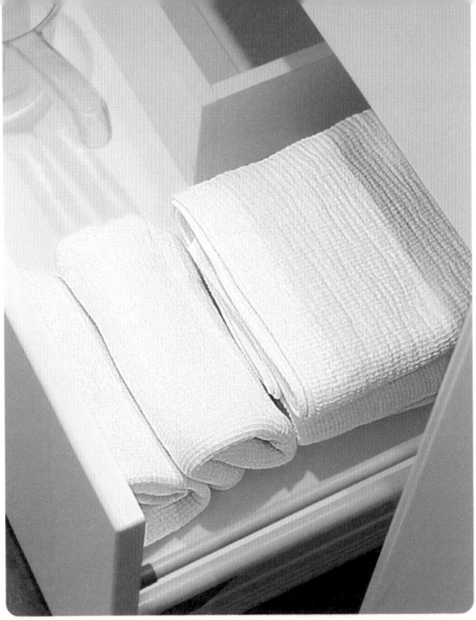

**一天使用兩條毛巾**

洗臉檯下方的抽屜裡放了六條泡澡後使用的洗臉毛巾，還有訪客用的兩條浴巾。這個抽屜還放了面紙、紙巾、垃圾桶。

# 一切都是為了回到「舒適的家」

## 旅行前還有髒衣服沒洗怎麼辦？

旅行、出差、回老家。當我需要單獨暫別東京的公寓時，我都會努力地「斷捨離」與打掃。沒錯，整理行囊、斷捨離、打掃，這三項是一整套的旅行前置作業。

這時我總會遇到一個問題，就是殘留的髒衣服。我當然會洗好衣服再出門，不過很可惜的是，實際上還是有漏網之魚。換上旅行外出服前，進行斷捨離跟打掃期間所穿的那套衣服沒辦法一起洗。

出發旅行前無論如何都不想留下任何髒衣服，我憑著這份固執想了幾個解決方案。

1. 穿著外出服做斷捨離跟打掃。
2. 裸體做斷捨離跟打掃。

最終我採用哪個方式就任憑各位讀者想像了。

我曾在某電視節目上看到與我抱持相同想法的人，是一對諧星夫婦。他們去旅行前會一起裸體吃飯，理由是想把衣服全部拿去晒。

我邊看邊笑地心想，他們是想保持屋內清爽、不留下任何髒衣服再出發吧？我對此深感共鳴。我對坐在旁邊一起看電視的老公說：「我懂他們的心情。」結果他也回我：「我也稍微懂那種感覺。」明白的人便會瞭解，不懂的人便沒有共鳴，就是這樣的感覺。

雖然不用學他們做得那麼徹底，但是當人從外地回到家中，卻看到東西一團亂時，心裡就不會湧起「終於回到家」的自在感了。

「家」是舒適的迎客空間，整體空間應該打造成充滿「歡迎回家」的氣氛。

儘管不必做到盡善盡美，但出門前必須維持一定程度的整潔。如果出門前放任家裡雜亂無章，人在外面也會時時惦記家裡的事。例如要是突然有人來訪怎麼辦？萬一發生意外，需要別人「幫我回家拿套衣服」怎麼辦？……內心忍不住浮現各種假設。

不過，維持家中整潔並不是特別為無法預測的意外做準備，而是讓自己能夠隨時保持自在心情。

隨時保持自在的心情，面對突發事件也能自在應對。

因此，各位！「這個還有那個被看到就糟了」的魔窟住宅，這週也要跟它斷捨離。

# 先決定好「明天要穿的衣服」

## 也一併搭配好鞋子跟包包

我外表看似俐落，但其實做事很慢。早上的準備向來很花時間，其中最費時的就是挑衣服，所以我會在前一天就決定好要穿的服裝。

我會把「要穿的衣服」掛在衣櫃正中央的桿子上。光是先決定好衣服，就會給人能夠快速出門的感覺。

還有一點，如果要吃一頓完整豐盛的早餐會非常費時。從準備早餐、用餐到收拾，整個流程意外地費時又費力，所以最近的我有時會吃，有時則會直接略過早餐。

將包包內容物全部取出的習慣（第80頁）也讓我的早晨更加輕鬆。只要一樣一樣檢查攜帶物並放入當天的包包，就不會遺漏東西。

「早上匆匆忙忙，時間不夠用！」總是有這類煩惱的人，首先要弄清楚到底是什麼東西占用了你的時間，你又為了什麼事情猶豫不決，這一點很重要。只要找出問題癥結，就能提出對策。

**占用早晨時間的事情**

- □ 決定穿什麼衣服
- □ 準備早餐到收拾
- □ 化妝
- □ 準備外出攜帶物
- □ 整理房間
- □ 倒垃圾

……等等

打理儀容、用完早餐、檢查攜帶物品，不少人做完這些事就沒時間了，只好留下一片狼藉，慌張地出門吧？

雖然有人嘴上說「那樣子也沒關係」，但其實內心某處一直很在意。當自己在外忙碌一天，卻失去「想快點回家休息」的念頭時，就是一個警訊。

會說出「真的無所謂」這句話的人，本身就有很大的問題。可能是身體靈敏的感應雷達失靈了，必須從恢復感應雷達（沒錯，就是斷捨離）開始做起。

## 將寢室的櫃子移到客廳

### 想改變心情時就更換擺設

把本來放在寢室的櫃子搬到客廳，改變屋內擺設，心情就跟著煥然一新，可以說是「打造空間曼荼羅」。以我家情況來看，很少長期固定家具擺設。

## 愛錶迷的簡單空間

我很喜歡戴錶，在家裡也不會摘下手錶。夏天選白色系，冬天選深色系，還可以自由更換錶帶。

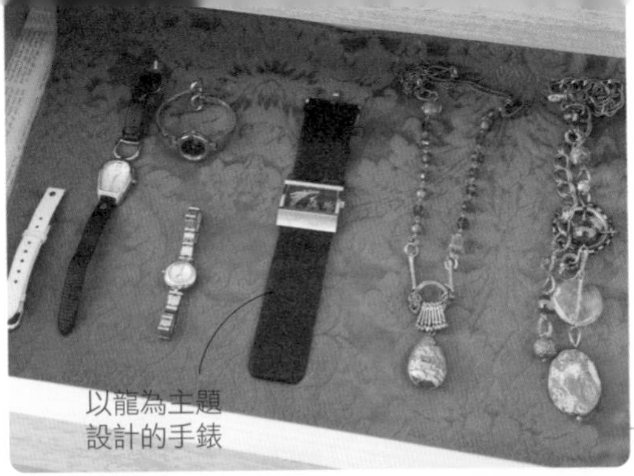
以龍為主題
設計的手錶

## 陳列的飾品<br>感覺很舒適

櫃子的其中一個抽屜用來放飾品。將飾品擺在印花雅緻的餐墊上，看起來很舒服。並且我會放入泰國報紙除濕。

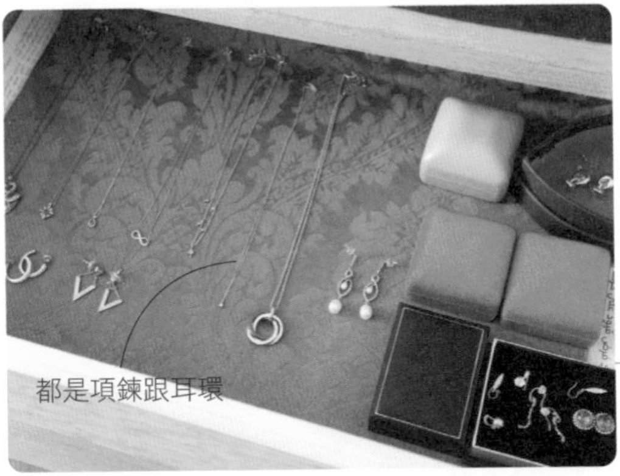
都是項鍊跟耳環

## 隨手可得的醫藥箱

用夾鏈袋裝起來的口罩、眼藥水、OK 繃等常備藥物的收納抽屜。就算沒有特地買專業醫藥箱，遇到緊急狀況時，也能馬上看清楚所需藥品。

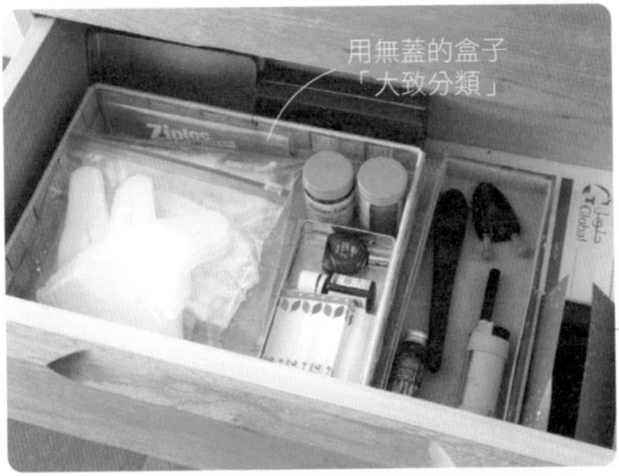
用無蓋的盒子
「大致分類」

## 留存的精緻紙盒

「不要留下商品的盒子、袋子或包裝」雖然是經典口號，但我會挑珠寶飾品的漂亮紙盒留下來。

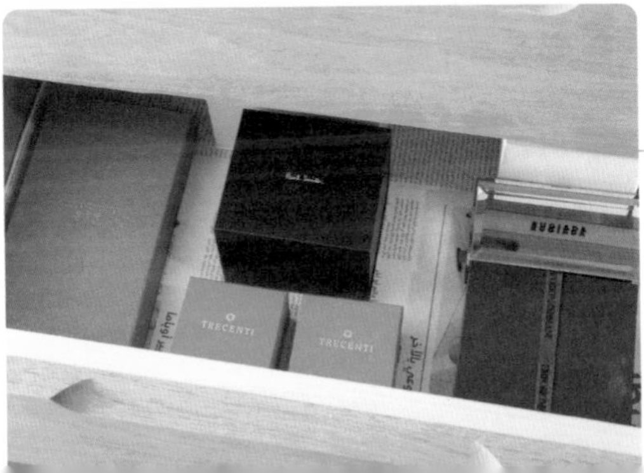

# 所有平面上都不放置物品

## 放了一個，之後就會沒完沒了

家裡有很多平面空間，舉凡地板、桌面、櫃子上、沙發椅面、廚房料理檯、廁所洗臉檯等等。

一旦在平面上放東西，雜物就會宛如細胞般開始繁殖。放了第一個，就會有第二個、第三個……因為我們內心默許了東西「可以放在這裡」。

有些人看到空蕩蕩的平面就非擺東西不可。窗框、紙箱上、保險箱上，甚至在放置物的上方又堆放東西。

另外有人總認為「這不是暫放的東西，而是擺飾」。可是擺飾的旁邊不知何時放了一盒面紙，然後又出現手錶、原子筆，這就是現實。

我看過某戶人家的廚房裡，都把東西「直接擺在地板上」。廚房的收納櫃前面，擺著六瓶礦泉水以及大容量的調味料，導致櫃門打不開。這間接表示櫃子內其實全是些用不著的雜物，結果造成少了一個收納空間，而本該收在裡頭的物品卻跑到外面的情況。

**平面上堆滿雜物、雜物、雜物**

到處堆滿了東西，看不見水平面。因此視野充斥雜物，行動受限的壓力會不斷地累積。

還要格外當心的就是能立在牆邊的手持吸塵器。因為地板上只要有東西，就容易「放心地」把購物袋放在旁邊的地上。

雜物也不可以放在桌上。桌上只能放「現在正在使用」的物品。

舉例來說，編輯來我家開會，我們便在餐桌兼書桌的桌子上進行討論，此時桌上有企劃資料、兩本相關書籍、原子筆、簽字筆、飲料、點心、擦手紙。這些東西不是「擺在這裡」，而是「要用的東西」。等會議一結束，東西就會全部收掉，恢復原本乾淨的桌面。

# 打造整潔房間的「三個平面」

## 淘汰無法伸手可及的「收納」

想要「回到舒適的家」就務必注意三個平面，分別是地板、桌子，以及與視線同高的平面。與視線同高的平面指的是櫃子、櫥櫃等地方。

這三處都很容易堆放雜物，而且是最容易映入眼簾的位置。

換句話說，放在這三處的物品，都是我們平日裡常用、與「生活相關」的物品，所以出門前只要將這三處的東西收拾乾淨，就能大幅改變空間感。

東西不放地板。

東西不放桌面。

東西不放與視線同高的平面。

這三處都是伸手可及的位置。反過來說，其他位置都無法伸手可及。那些無法輕易觸

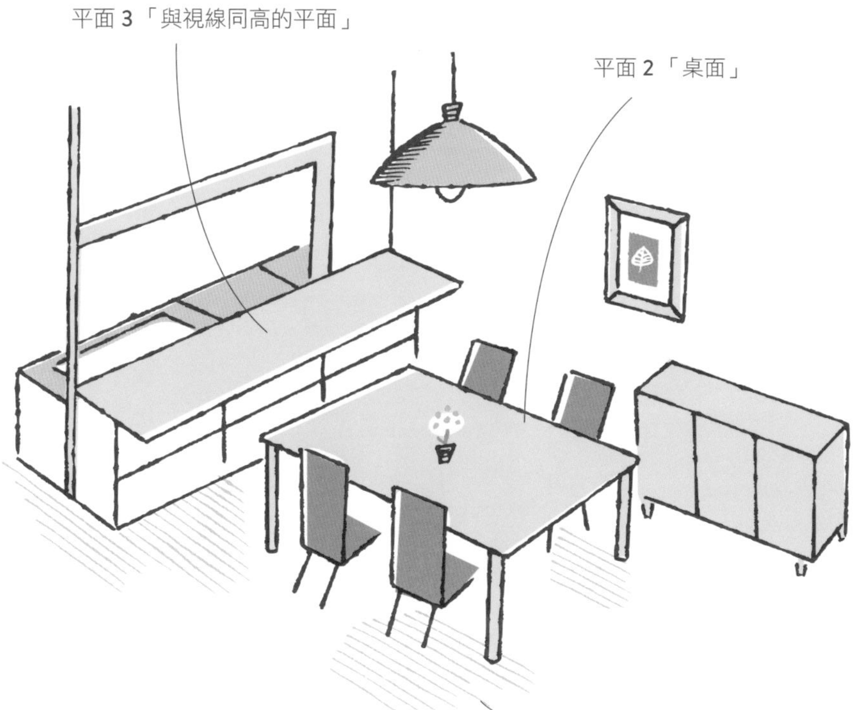


## 清空這三個平面上的雜物

此圖與第 153 頁圖片是相同房間。只要拿掉三個平面上的雜物，感覺就天差地遠，讓人想要擺放喜歡的裝飾品或是鮮花。

及的空間其實都不能發揮收納功用，比如快貼到天花板的櫃子、深度過深的收納櫃，我們必須認清這項事實。

許多主打大容量收納的廚房會採取「天花板型收納櫃」。我們踩著椅凳想辦法收納雜物，然後便心滿意足，這簡直是遺忘物品的催化劑。

我基本上都不會使用這些收納空間，寧願空著它們也無妨，如果真的要使用，也只用「最前面」的空間。如我這般有「收拾原則」的人，也很難善用這些空間。

我去中國巡迴演講「斷捨離」的時候，遇到一個很有趣的「收納」例子。

那戶人家的廚房是ㄇ字型。為了善用料理檯下面的空間，全部做成抽屜，並且把抽屜都拉出來，抽屜裡面放著各種調味料。

面對不斷增加的雜物，當事者努力試圖用「創意手法」來解決眼前問題。

雖然我一直重複申明「斷捨離並非單純捨棄東西」，但是當我看見充滿雜物、雜物、雜物的畫面時，便逐漸開始萌生「不對，斷捨離就是單純捨棄」的想法。

如果書櫃前的東西已堆到打不開櫃門，代表這個書櫃裡的東西都是老舊無用的雜物，所以把整個書櫃扔了吧！

如果沙發被雜物佔據，那麼也沒有人可以坐。只是想放東西的話，可以買到更具功能性的家具，所以把沙發扔了吧！

平面跟雜物彷彿互具吸引力，但其實問題出在我們身上。我們總是想把東西放在家裡隨處可見的平面上，若不能察覺這種無自覺、無意識的習慣，就無法解決問題。斷捨離的「捨」，就是為了讓自己從這種無自覺、無意識的習慣中畢業。

生活在「想回來的屋子」

「減少物品」後就會想放幅畫、種些花草，讓家更有家的感覺。

專欄

## 能夠愉快地單獨用餐才是成熟女性

無論是什麼食物，都比不上在當地品嘗來得美味。各地美食就是配合當地風土氣候、氣氛、季節所形成的。

雖然不可能每次都到當地享用美食，但住在東京的好處，就是有來自日本各地的特產直銷商店（Antenna shop）。

在新橋有一家經營青森料理的居酒屋，我很喜歡去那裡。雖然還不到常客的程度，跟老闆也互不相識，但我經常單獨去那裡用餐。毋須顧慮他人，輕鬆自在，隨心所欲。

我喜歡「單獨外出用餐」，也享受「在家獨食」。

拿出珍愛的碗盤們，碗裡盛上一點點的各式料理，並全部放在一個大托盤上，旁邊再細心地裝飾一下，仿佛在享受高級宴席料理一樣。一個人毫無顧忌地品嘗，認真享用為了自己準備、只屬於自己的一餐。

現在仍需為家人做飯的人，再過五年、十年之後，孩子就會開始獨立了吧！

成為懂得款待自己的人。

人終究是單獨的個體。即使是親密的家人之間，也要培養彼此獨立且互不束縛的關係。

我忘了是何時的事，當時我跟一位工作上常往來的女性前輩去法式餐廳用餐。在滿是情侶、朋友聚餐的人群中，我看見一位單獨用餐的老婦人，對方看起來應該超過七十歲。

「山下，像那樣一個人毫無顧忌地在餐廳用餐、一個人在酒吧細細品味美酒，能夠做到那種程度正是成熟女性必備的條件。」前輩所說的話，讓我留下深刻印象。

原來如此，享受人生，就是享受自己的存在。我現在已能充分體會老婦人那種「人生達人」的生活姿態。

第四章

# 一週做一次就完美的「週末家事」

## 別讓累積的家事毀了假日

# 「週末家事」守則

大家都怎麼度過週末呢？

旅行、運動、閱讀、逛街、欣賞藝文活動……假日就是想將時間用來做些喜歡的事吧！

可是只要人生活著，就不可能沒家事做，要煮飯、要洗衣服、要維持周圍基本的整潔等等。我前面有提到「分次型家事」，有家事就立刻著手收拾，才是最輕鬆的方法。

如果將平日沒辦法做的家事「累積到週末一起做」，負擔就變重了。

週末家事該做的並不是收拾「剩下」的工作，除了與平日做的固定「行程」相同，更重要的是做那些只要在週末完成就搞定的家事。例如整理床單棉被這類，一週做一次就好的家事。

完成之後就盡情地享受週末時光吧！

## 山下英子流的「週末家事」流程

早上八點

**稍微晚起的「早安」**

書也寫到結尾了，熬夜工作的隔天就睡到自然醒吧！

**拉開窗簾**

東京街頭的天空仍一片昏暗，住在高樓層公寓無法看出今天是否會下雨。

**今天是洗寢具的日子**

每週清洗一次被套、枕頭套、床單。能夠不管天氣好壞隨時清洗，真是一大福音。

**為早上泡澡做準備**

從房間直接前往浴室，在浴缸裡放滿泡澡的熱水。

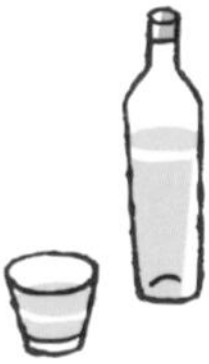

**就算簡單吃也要照規矩**

今天早上也是喝酵素果汁。不管多麼忙，都不能忘記說「我開動了」。

### 假日起床後先洗床單

週末的早上比平日晚起一點。起床後拉開窗戶，儘管太陽已經升起，東京的天空仍是有點昏暗。

高樓層公寓景色雖然優美，但缺點是難以判別今天是否會下雨。不過今天是寫書的日子，就先不管它了。

假日是清洗床單、被套、枕頭套的洗衣日。全部拆下來放進洗衣機，順便將浴缸水放滿，以便泡澡用。

我前一晚去聚餐，所以早餐簡單喝一杯酵素果汁就可以，只需一分鐘準備，收拾也只要一分鐘。不過我不會站著喝或是邊做事邊喝，而是會坐到椅子上「好好用餐」。

早上九點

## 摺好床單放入洗衣機

大尺寸的被套要先拉起拉鏈，摺好後再放入洗衣機。

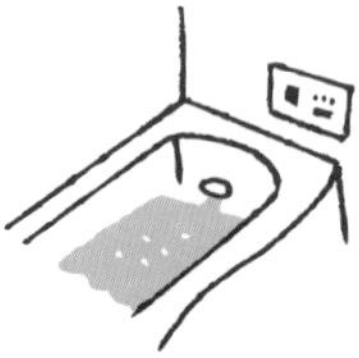

## 趁泡澡的時候洗衣服

與平日相同，泡澡前先啟動洗衣機開關，然後舒服地享受。

## 襯衫跟床單都在浴室烘乾

空間不夠讓床單展開來晒，所以我會先對摺再橫掛於桿子上晾乾。

## 浴室跟衣物一起烘乾

因為假日要多洗寢具，數量比平時多，如果洗衣機一次塞太多衣服，反而洗不乾淨，所以要分成兩次清洗。

洗衣劑我選用無添加界面活性劑的「All Things in Nature」產品，百分之百植物成分製成，排水時不會汙染河川與海洋。在自己能力範圍內多少回饋環境，這就是我的「環保」主張。

趁洗衣服的時候去泡澡，泡完澡後一併清洗浴室，然後換穿家居服，並將洗好的衣物用衣架掛在浴室烘乾。這是我每天的固定「行程」。床單等大型布料先對摺，然後直接掛在橫桿上晾乾。

早上十點

**手自動開始「立刻打掃」**

養成習慣後，再也無法沒擦乾水滴便離開洗臉檯！

**進行雜物的斷捨離**

如同考試前突然很想整理抽屜，截稿前也會卯起勁來斷捨離。

**工作前先打掃在意的地方**

物品經過斷捨離之後，藏匿的灰塵便出現在眼前，因此要將每一處擦乾淨。

## 對不必要的雜物進行斷捨離

洗手、刷牙、化妝結束後，馬上清理洗臉檯與梳妝檯，上完廁所後就打掃馬桶。使用過的物品或場所都要立刻收拾，這是理當該做的事。若習慣了「立刻打掃」，沒做完就離開反而會覺得不暢快。

好了，今天要繼續寫書。不過我很在意在書房櫃子深處瞥見的東西，那好像是因不良動機買下的雜物。未先斷捨離掉魔窟內的物品就無法靜下心，於是我開始動手清理。

待整理告一段落，我便準備回去寫書。忽然又看見書房家電上覆著一層白色灰塵，讓人十分在意！因此又花了一些時間「打掃、擦拭、刷洗」，才結束早晨的家事。

## 傍晚五點半

### 馬上鋪上乾淨的被單

利用「簡單的訣竅」套上被套，看起來柔軟舒眠的床鋪就完成了。接著自己換穿外出服。

### 吃頓晚餐轉換心情

一整天都宅在家的日子，也要到外頭呼吸新鮮空氣。去附近的商店街逛逛，順道吃晚餐吧！

## 隨心所欲地去居酒屋用餐

將掛在浴室烘乾的衣服連同衣架一起收回衣櫃，內衣褲放到無蓋的籃子內，毛巾則收回洗臉檯的抽屜，這些家事一樣是平日的「行程」。洗乾淨的床單、被套、枕頭套和棉被等一起整理鋪好。

脫掉家居服，換穿輕鬆的外出服，把錢包、手機放入手提包，邁向繁華的夜晚。這天一踏進常去的串燒店，發現裡面已經坐滿了，於是改去對面的居酒屋。一次突然的緣分，意外發現那家店的海鮮非常美味。

週末夜晚找間喜歡的店家品嘗晚餐，讓自己享受一下閒暇愉悅的氣氛吧！

## 晚間九點

### 將傘撐開晾乾

收起潮濕的鞋子和雨傘前，先晾乾它們。按照習慣，檢視包包與錢包。

### 換上舒適的家居服

今晚感覺將是漫漫長夜，因此刷牙洗臉後換上「寫作模式」的家居服。

### 無論何時何地都要收拾善後

卸完妝、刷完牙，「立刻清掃」洗臉檯，並把腳洗乾淨。

### 夜間趕稿

深夜，在經過斷捨離後恢復清爽感的書房裡，用著筆電繼續奮鬥寫作。

## 雨天的一分鐘維護作業

「我回來了！」因為外面開始下雨，進屋後我先拿布把高跟鞋上的汙泥擦乾淨，並將傘撐開來放在客廳。

接著把手提包內的物品移到籃子，從錢包取出收據與零錢，放進指定的抽屜。然後洗手、刷牙、洗臉，洗完之後照慣例將洗臉檯擦拭乾淨。

時候不早了，雖然可以換穿睡衣，但我先換回家居服，因為接下來還有趕稿的漫漫長夜等著我。我穿上舒適、鬆緊度剛好的家居服之後開始工作。由於白天經過一陣斷捨離，連原本沒看到的地方也都打掃得乾乾淨淨，感覺十分舒爽。

## 簡單換被套的方法

替換床單跟被套是件辛苦的工作。替換被套時善用床面會比較輕鬆喔！將床鋪兩側淨空，更有利於動作。

**清洗被套的順序**

1 拆下被套。

2 拆下來後保持反面朝外，拉起拉鏈，並將被套摺好。

3 維持摺起來的狀態放入洗衣機。晾晒時先將被套對摺，掛在浴室烘乾。

竅門是「直接反面清洗」

# 裝上被套的順序

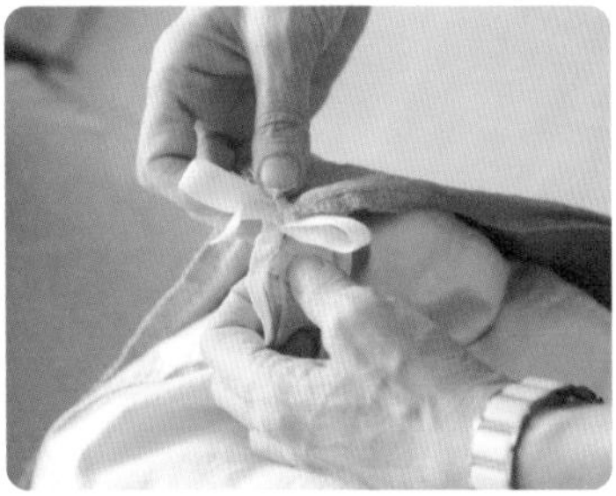

① 在床上攤開被芯。將洗乾淨的被套以反面朝外的狀態鋪在被芯上，綁好四個被角的繩子。

② 如果被角沒有繩子，就用強力曬衣夾暫時固定。

被套保持反面朝外，準備套回被芯。

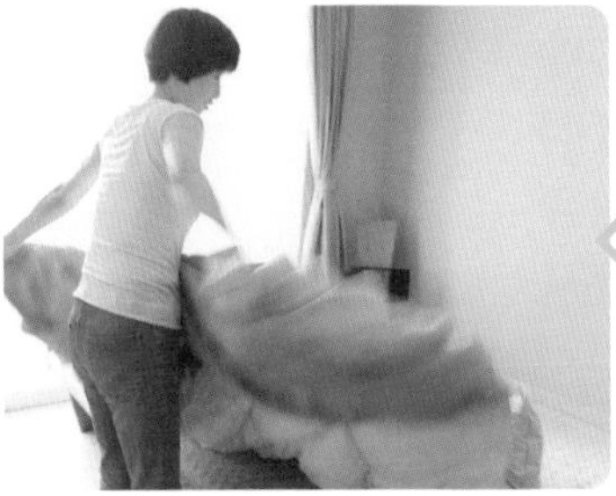

③ 不需使力，將整個被芯和被套翻回正面。

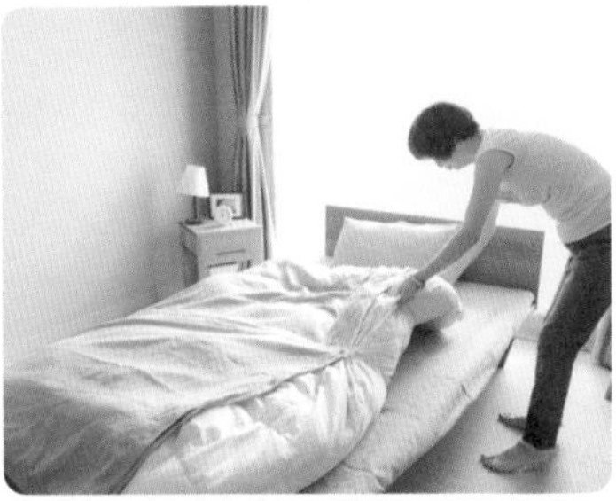

④ 整平被套上的皺摺。

\ 完成！/

⑤ 鋪好一張可以實現「睡眠之旅」的舒適床。

# 清理抽油煙機、冷氣機的時機

## 也可請專業人員來處理

清洗冷氣機濾網與抽油煙機風扇是大掃除的固定行程。大家都多久保養一次呢?一年一次?還是半年一次?

近來的機型還出現了很方便的自動清洗功能,即使放著不管,也會自動防止產生灰塵、黴菌、油汙,是個非常棒的新功能。

不過先等一下,這樣似乎產生了一個誤解,大家忘記每個東西都需要「最低限度」的保養。抽油煙機的風扇具備將累積的油集中在小杯子的功能,但不表示它不會沾染油汙。實際上,抽油煙機風扇和冷氣機濾網雖然變得容易清理,卻並非意味著可以不用清理。要面對這些雜物仍是需要付出時間與勞力,這時我們該怎麼做呢?

那就委託專業人員處理吧!

如果這麼說,一定有人會抗拒地說:「有錢的話當然想這麼做啊……」大家不妨換個想法,你是把錢花在保養維護上。

在保養維護上花錢，等於是投資自己。間接讓自己放鬆心情、獲得休息，以及激發「重新加油」的生產力。如同我們會花錢買飾品跟剪髮，我們不需要因花錢保養房子就有罪惡感。

過去確實有「大掃除幹嘛還花錢」的思維，現在也有不少人抗拒改變。不過與五年前相比，「願意花錢維護」的人已經大幅增加。

況且論及清理抽油煙機與冷氣機的技術，我們比不上專業人士。他們懂得分析汙垢的化學成分，找出專門清潔的方式。

電視節目與雜誌介紹各種五花八門的「打掃技巧」，他們總高呼著「變得這麼乾淨了」，可是就我看來「那都是專門業者才辦得到的事」。

做不到這點小事就稱不上好家庭主婦、好媽媽？請大家捨棄這種「賢慧的家庭主婦」、「完美太太」的思維吧！除了冷氣機、抽油煙機，家中的窗戶也可以委託專業人員處理，刷得亮晶晶的窗戶真的會讓人感覺非常舒服。

# 捨得把錢花在專業維護上

## 舒適空間能帶給我們能量

前一陣子，我請了清潔業者來我租賃的公寓，這棟屋齡十三年。由於是位處高樓的密閉空間，沒辦法「打開窗戶通風換氣」，這棟公寓裝設了二十四小時換氣系統。就在我搬到這棟公寓一年後，遇到了換氣系統一年一次的保養日。

這個保養維修是自由選擇且需另外花費。前一任屋主似乎沒有在保養，我在紀錄上發現上次換濾網是四年前的事。當時的濾網已經整個發黑，我請清潔人員換上新濾網後才鬆了一口氣。不過這一年來，我竟然都是呼吸著通過髒濾網的空氣睡覺，感覺很可怕吧！

包含清潔費用在內的手續費總共是七千五百日圓，覺得這個價格是昂貴還是便宜因人而異。至少前任屋主也許覺得太貴了，所以才認為看不見就不管它。如果他看見布滿黑垢的濾網，想必就不會選擇無視。

我很滿意換氣系統的清潔，順便委託業者「打掃整個屋子」。其中一個原因是想見識「專業人士的手法」。用水區、廚房、浴室、廁所、木質地板、窗戶玻璃等，全部都很專業地擦拭得閃閃發光。

總花費金額是四萬日圓。大家可別小看清掃房屋的動作，這是對居住其中的自己的一種治療，就像居家預防醫療一樣。這麼一想，這個金額也不算貴了。

我們先再次統整一下。

收拾是為了處理散亂。

打掃是為了處理髒汙。

想方便地收拾就減少雜物。

想輕鬆地打掃就減少雜物。

但是有些汙垢我們終究無法獨自處理，這部分就花錢解決吧！

人總會抵抗將金錢投資在無形的事物上，對「保養竟然要花這麼多錢」感到震驚。其實，真正問題在於一般人對維護管理的認知不足，我想提高大家的這層常識。我甚至認為「清掃阿姨」才應該領最多薪水。

我們仍舊活在「被物品主導」的生活，不明白「空間」的真正價值。很多人還不懂寬敞的空間就等於充滿營養的食品，不知道光是生活在舒適空間就能產生多麼大的能量。

委託專業人士來清潔維護就如同攝取營養品，深具投資價值。

# 家電故障時怎麼辦？

## 不要繼續「勉強」使用

電視機、吸塵器、冷氣機、洗衣機、冰箱等等，被我們視為生活幫手的家電在某天突然毫無反應了。

這時候馬上通知維修人員，但對方沒辦法當天來處理，可是衣服不可能連放三天都不洗，該怎麼辦呢？

縱使等到維修人員來了，他卻說出「因為已經用很多年了，隨時有可能會再停機」這種令人不安的話。而且保固期限早就過了，所以要付維修費。

不論是維修前或維修後，過程都充滿壓力。

碰到這種情況，唯一該採取的行動是替換新的家電。

如果家電已經使用多年，就不要再繼續維修硬撐。家電內部早已累積不少髒東西，肯定也生鏽了，電器沒有反應都跟這些原因有關。

雖說社會崇尚「物盡其用」為一種美德，不過家電不同於包包、鞋子或是寶石，新的家電總是比較好用，還有其他優點。

我曾經問過家電用品製造商：「如果你要買家電，會以什麼標準選購？」對方回答我：「盡可能功能簡單，並且是時下最新款。」不需要搭載〇〇感應器等功能，因為家電功能越精簡就越不容易故障。空調也是，越新的機型，「省電」模式就越進步，能省下巨額電費。

我也喜歡使用新的家電產品。趁搬家的時候，會配合室內設計選購。不對，應該說我都是以外觀設計來選擇款式的，這跟挑選廚具道理相同，我很重視「實用之美」。

# 回收書跟雜誌，限制總量

## 以不費時費力的方式儘早脫手

前面提過「食材最重視新鮮度」，書也一樣。首先要思考這是不是「現在的我」所需要的書。如果是，它就是「米飯」，要趁新鮮時趕快吃掉。在圖書館聽到「五百人正在預約排隊」等書時，我真是嚇了一跳。人不應該錯過正想看書的時機，閱讀本身就是對自己的投資。此外，我個人看書時會邊做筆記，所以無法到圖書館或是跟朋友借書。我看過的書都會劃滿重點。

有時也會碰到只啃了一口就發現「不合胃口」的書。「原本以為這道菜很美味才點餐，結果選錯了」，這種情況很常見。遇到那樣的書我會直接闔上，馬上放棄閱讀。何況我認為一本書只要有一行內容對自己有幫助就值回票價了。

我買書的頻率約是二至三天一本，因工作關係收到的書也不少，所以家中藏書量不斷增加。像是這種情況就該「限制總數量」。

我手邊只留下「讀過之後發現很好看的書」，現在大約有三百本。在有限的書櫃空間內，每天都在跟取捨搏鬥。

雜誌比書本更容易輪替，我會不斷地丟棄。有些人會把封面好看的雜誌拿來裝飾室內，我從不這麼做，因為我認為「雜誌等於資訊」。

要告別書跟雜誌時，我會先送給想要的人。先問別人「你想不想看」，然後讓他們來拿走想要的書。我從來不曾想「賣掉」用過的東西，如果這些東西能幫上別人的忙，我就心滿意足了。

除了書本或雜誌，我也是盡可能選擇最不費時費力的方式跟雜物道別。

例如，有些人會想說「拿去跳蚤市場賣」，可是卻遲遲等不到時機。若是平常就有習慣去跳蚤市場的人也就算了，一般要賣舊衣物的話還得送洗，既花錢又麻煩。跳蚤市場還是當成單純的活動放鬆參加就好了。

想送去回收，舊書攤、二手商店、義賣市集都是不錯的選擇。如果要在網路上拍賣，一定要設定販售時間。

**書是對自己的投資**

書的確有精彩好看跟索然無味的分別，但是要看過才知道。感覺很無聊，就不要勉強繼續看。

# 「可以丟？」、「不能丟？」

## 去留由自己決定

斷捨離初學者的問題中，以下的問題占最多數：

「捨不得丟掉照片……」

「捨不得丟掉別人送的禮物……」

「不知道怎麼處理父母的遺物……」

緊接在這個問題之後，他們會問我：

「我該怎麼辦？還是丟掉比較好嗎？」

很多人抱著「捨不得丟掉」的煩惱，轉向他人尋求解決方法。對此，我都如此回答：

「該不該丟並不是由我來決定，因為那是你的東西，不是我的。」

接著我繼續反問他們：

「你想捨棄它的原因是什麼？」

「你必須捨棄它嗎？為什麼要捨棄它？你能告訴我嗎？」

這時提出問題的人便陷入沉默。沒錯，他們第一次仔細思考這個問題。

我最初向大眾宣傳斷捨離的概念時，經常要面臨多數人對於「浪費」的不同價值觀。

「竟然要我丟掉！我不能這麼浪費。」

「做事這麼浪費，別人不知道會怎麼想。」

他們像這樣緊抓著「浪費」兩個字，卻從不深入思考何謂「浪費」。

我因此察覺到一件事。雜物會不停累積，並不是價值觀覺得「浪費」的表現，而是「思考停止」的指標。現在的我便是從「浪費」的刻板想法，切換成「捨棄」的新思維。

不管是照片、禮物、遺物，只要是自己覺得必要的物品就能留下，若是不需要的東西就捨棄。

東西有保留的理由，那就留下來，想不到保留的理由，那就捨棄它。就是這麼簡單。沒錯，自己絕不能停止思考。放棄思考就等於放棄了人生。斷捨離不但是培養如何恢復思考，更是學習如何取回人生的真諦。別被「丟」與「不丟」侷限了自我。

我本身會提倡斷捨離，正是因為我並不擅長斷捨離。

常常會忍不住留戀難捨、延後決定，這是「被物品主導」的證據。後來我轉換成「由空間主導」的生活，更能從俯瞰角度審視周遭事物，減少雜物堆積的現象。

希望各位明白，「空間」等於「思考」。

# 對信件、明信片、名片別依依不捨

## 不對自己的感覺說謊

有一位稍有名氣的相聲家曾找我諮詢。

「我有很多粉絲信，我該怎麼處理？」

「你已經失去最初收到信的喜悅感了吧？那就順從自己的感覺。」

「原來我可以丟掉它！」

收到的東西該怎麼處置由自己來決定。

不需要在他人不知情的地方拼命對自己撒謊。

手寫信、明信片或是禮物注重的是收到的瞬間，也就是收下對方的心意。

如果內心開始猶豫不決地覺得「這該怎麼辦……」、「丟掉會不會很浪費……」，代表你已失去當初的感覺，必須坦率認清心中的感受。

真正重要的東西，並不會成為斷捨離的對象。因為它會帶給人「哇！好開心」、「真是懷念」、「這個要留下來」的心情。

一旦產生猶豫，表示對物品的感覺已有所不同。

將對方的心意珍藏在心中，物品本身就讓它功成身退吧！

我丟棄信件、明信片時會親手將它們撕成碎片。不這麼做的話，我就會依依難捨，因此全部都要撕掉，這是我的一種儀式。

名片則與手寫信、明信片情況不同，名片我會當天處置。也許有人認為名片能保留對方的資訊，不過在這個時代，用手機就能馬上聯絡到重要的人了。

名片是用於見面時讓彼此知道對方的姓名，它只屬於初次見面的瞬間、當下的場合。

# 「姑且先放著」的東西還是別放為好

## 懂得真心愛護擺飾品

你有過這樣的經驗嗎？去某地旅行時收到了「紀念品」。如果是充滿心意的餽贈品就另當別論，若只是收到陌生人的紀念品，其實有一點點傷腦筋。

我會給這類物品一段暫時留在手邊的「緩衝時間」。跟朋友聊旅行心得時，跟他分享「我收到這個」，東西就算物盡其用了。緩衝時間約莫從一個月到最長半年不等。

我曾見過兩個互為對照的空間。

一個是在某次演講，我前往一間青年會議所。

「請您在這邊稍等。」對方這麼說，並帶我到招待室。進去後發現裡面的空間非常驚人，沙發上堆滿雜物，沒有地方可以坐下，東西堆在地板上，物品上面又堆了雜物。從某種層面來說，是非常標準的「雜亂空間」。

另一次是在某一家製造商的招待室。裡面擺了一組招待客人用的沙發跟桌子，雖然收拾得很乾淨，不過它其實跟前者並無不同。因為這兩個地方同樣不愛惜屋內擺放的東西。

製造商招待室的櫃子上擺著木雕鮭魚與木雕熊、東北的木頭人偶小芥子、九谷燒出品的瓷器以及各種木雕。無論是物品的挑選抑或擺放方式都沒有任何意義。恐怕都是別人送的禮物，因為不知道怎麼處理，乾脆拿來當作擺飾，看得出來沒有人特別愛惜。這些常見於日本家庭的代表性擺飾，如果擁有者十分珍惜愛護它們，就會非常顯眼。

如果只是「姑且先放著」的東西，還不如不要放來得好。「姑且」的態度不只反映在物品上，也反映出了我們的生活方式。

### 面紙收在抽屜中

臥室的基本要素是安全、安心。為了預防櫃子傾倒、物品掉落，家具我統一選擇低矮的款式。大部分物品都收在家具裡，只將配合室內設計的裝飾品擺在外面。

## 「孩子的作品」給予稱讚最重要

### 再留下「紀念照片」大家就滿足了

不僅止於料理，社會也很注重收到「手作」產品的感謝心意。收到手作的東西，總是無法隨便處置，拿去丟掉好像會遭天譴。其實不是這樣，丟掉並不會有什麼天譴。我認為粗劣的手工藝品肯定比不上工業製品，畢竟個人手作產品無法跟專業製品比擬。

當然，因為興趣而喜歡手作也沒關係。把做好的成品拿來裝飾家裡，或是穿戴在身上都讓人身心愉悅。不過請不要硬塞給別人當禮物，「手作」並不等於表達「愛」。如果是自己孩子所畫的圖，就算是稚拙的作品也會覺得開心。

我跟著一次電視節目的訪問企劃，去了某戶人家幫忙收拾雜物。那戶人家的父母住在主屋，他們的長子在同一塊地上蓋了一間自己的家。有一幕是我們要幫忙整理過去長子住在主屋的房間。

他們的長子非常會畫畫，媽媽保存了他小時候畫的一幅作品。長子看到那幅畫之後說了一句：「確實畫得不錯，不過沒有想像中的好。」說完便把自己小學時代的作品拿去丟

**留下作品跟孩子笑容的「那一瞬間」**

孩子們十分努力才完成了作品，父母不該像評審一樣批評，而是要好好稱讚孩子。連同孩子的笑容一起「拍下紀念照片」，如此一來孩子跟父母都會心滿意足。

掉了。

大家都怎麼處理以前在學校畫的作品呢？

作品本身充滿成長的證明跟回憶，總讓人捨不得丟掉。關於這些東西「我該怎麼處理？」的諮詢也很常見。面對這類作品，必須重視「保鮮度」。當孩子畫好圖帶回家時，父母要先好好稱讚孩子，接著讓孩子跟作品一起拍張照片，這樣就解決了。

孩子只要獲得充分稱讚就會滿足，因為他們本就是為了看見父母的笑容才把作品帶回家。而且幫他們拍照也會讓孩子們很開心，之後作品要怎麼處理就不再是問題了。

有些家長會把作品拍下來並收集成相簿。但是拍照的重點應該要讓孩子跟作品一起入鏡，只拍作品其實毫無意義。請好好保存孩子露出欣喜表情的模樣吧！

# 真的需要大型家具嗎？

## 沙發其實難以物盡其用

所有的不幸都是從過度巨大的沙發開始的。

這麼寫可能會被家具行抗議，不過這是我的真實感想。我拜訪過很多住宅，看過許多不合空間的過大沙發。這樣的沙發限制了行動空間，令人每天默默地累積壓力。我還見過一個住宅，不跨過沙發就沒辦法拉開窗簾，所以房間總是一片昏暗。

沙發原本是被設計成放在寬敞的空間裡，而不是靠著牆壁擺放。

老實說，大家都有善用家中沙發嗎？想必都拿來堆放洗乾淨的衣服，或是成堆的雜誌吧？或者人坐在地上，沙發淪為靠背的情況也很常見。

由於家具體積龐大，要脫手並不容易。不單是受到「家具就該好好珍惜」的想法影響，還投注了不少金錢，因此也很難果斷放棄。

我過去也是為沙發所苦的人之一，所以我現在的客廳沒有放沙發。餐桌則是兼具了書桌的功能。

我屋內的家具盡可能少量化。多虧如此，家中的空間隨時可因應訪客人數做出調整，還有客人會放鬆地躺在地上。

家具的情況與雜物不同，在斷捨離三步驟中，特別需要「斷」的勇氣。購買之前，請先問問自己：「你真的需要它嗎？」

我選購家具最注重它能否讓我感受到時光的變化。合成板使用多年後會劣化，但木質材料反而會越陳越香。我家的餐桌是純胡桃木原木的製品，漆上天然油的塗料，木頭上的傷痕紋路也別有一番風雅。這個桌子和床架、床頭櫃、書房的櫃子，都是幾年前我特別訂製的家具。

除此之外，我購買時一定會選擇有腳的家具。只不過是露出地板，整體空間就會呈現清爽的感覺。這樣也比較便於打掃，我的好夥伴——掃地機器人才能毫無阻礙地前進。

# 大型物品、囤積物的丟棄方法

## 怎麼處理老舊不用的棉被？

我曾見過一戶人家從天花板上拖出一百件老舊不用的棉被，真令人難以置信。

我在石川與公婆同住的家中也有大量的被子。為什麼會這樣？

過去大家基本上都會準備客人用的棉被組。為了來訪的親戚，事先準備了床單、棉被、毛毯各一件。如果準備了四套，那總共就有十二件。棉被組收起來放久了，逐漸變得陳舊，結果下一次又買了全新的床單、棉被、毛毯。然而舊的那些也並非無法使用。

經過了四十年，中間不斷重複這個過程，最後居然變成了一百件。

既然還能用，就捨不得丟掉。除了受到這層心理影響，另外就是丟棄過程非常麻煩的物理性問題。東西又大又重，沒辦法隨手丟棄，更何況大型垃圾還另有規定丟棄的日子，連要丟掉也十分麻煩。

我們更不可能把舊棉被轉送他人。棉被會吸收我們睡眠時的所思所感，送給別人會覺得很不舒服吧？而且棉被還是塵蟎的溫床。明明是絕對該丟掉的東西，卻總是丟不掉。

這種時候，它們就會移動到在第一章提過的二十四小時開放的「垃圾場」——也就是家裡的壁櫥、儲藏室、天花板內側。

那我們又該怎麼處理像棉被這些囤積物、大型物品呢？

我在某本雜誌的「斷捨離企劃」中採取的方式是委託專門業者來處理。我直接請專門處理廢棄物的人員來拿走東西。當時我請一台兩噸貨車只要八千日圓，其他公司要價兩萬五千日圓，真的很划算。當事人可以依照垃圾量去跟業者交涉。

其實一戶家中只需要準備一到兩組備用棉被就夠用了，畢竟這些年來親戚會來住家裡的習慣都逐漸消失了。

我們一一檢視了夜間家事、早晨家事、週末家事，大家覺得如何呢？

請大家一定要試著先斷捨離、減少雜物，就能讓家事的麻煩瞬間減少。

品嘗著香濃好茶，今天也愉快有趣地做家事吧！

# 結語

## 做家事能獲得許多回饋

每個人的家裡都有各式各樣的家事。

下廚、整理、打掃、洗衣……

不知從何時起，這些工作都被冠上了「徹底」、「完美」、「仔細」的要求，可是這全部都是不可理喻的期待。是的，甚至可說是永無止境的請求。

想要做到「徹底」、「完美」、「仔細」，就算有再多時間都不夠用。

不對，即使有時間，家事也是綿綿不絕。

不知是否因為如此，對於做家事還有以下的形容詞：偷懶、隨便、草率。

面對麻煩透頂的家事，要怎麼想辦法偷懶、隨便、草率地做，倒也得煞費一番苦心，但是罪惡感會隨之而來。

是呀！想要徹底、完美、仔細地完成家事，身體會疲憊不堪；

想要偷懶、隨便、草率地結束家事，心卻會痛苦不安。

無論選擇哪個做法，家事都只是一種沉重、空虛的工作。

不過，我的想法不一樣，
做家事能獲得很多回饋。
用喜歡的碗盤盛裝美食的喜悅，
在整理得很清爽的家中生活的愉悅，
窩在乾淨整潔的被單裡沉睡的安寧。
美味、
清爽、
乾淨，
這些都在完成家事後等著我們，
這些是做家事才能帶給我們的美妙感受。
如此想來，家事其實是充滿快樂的工作。
那麼，你想跟誰分享這份喜悅呢？
一個人獨占？
跟某個最重要的人？
無論要選哪一種都很棒呢！

山下英子

台灣廣廈國際出版集團
Taiwan Mansion International Group

國家圖書館出版品預行編目（CIP）資料

家事斷捨離【暢銷修訂版】：第一本打破收納迷思、讓每個人都能不必特別花時間就做好家事的減法生活書！/ 山下英子著. -- 二版. -- 新北市：台灣廣廈, 2024.07
面； 公分
ISBN 978-986-130-629-2（平裝）
1.CST: 家庭佈置 2.CST: 生活指導

422.5 113008296

台灣廣廈

# 家事斷捨離【暢銷修訂版】

## 第一本打破收納迷思、讓每個人都能不必特別花時間就做好家事的減法生活書！

**作　　者**／山下英子
**譯　　者**／鍾雅茜
**編輯中心執行副總編**／蔡沐晨・**編輯**／許秀妃
**封面設計**／何偉凱・**內頁排版**／菩薩蠻數位文化有限公司
**製版・印刷・裝訂**／東豪・弼聖・秉成

**行企研發中心總監**／陳冠蒨
**媒體公關組**／陳柔彣
**綜合業務組**／何欣穎
**線上學習中心總監**／陳冠蒨
**數位營運組**／顏佑婷
**企製開發組**／江季珊、張哲剛

**發 行 人**／江媛珍
**法律顧問**／第一國際法律事務所 余淑杏律師・北辰著作權事務所 蕭雄淋律師
**出　　版**／台灣廣廈
**發　　行**／台灣廣廈有聲圖書有限公司
地址：新北市235中和區中山路二段359巷7號2樓
電話：（886）2-2225-5777・傳真：（886）2-2225-8052

**代理印務・全球總經銷**／知遠文化事業有限公司
地址：新北市222深坑區北深路三段155巷25號5樓
電話：（886）2-2664-8800・傳真：（886）2-2664-8801
**郵政劃撥**／劃撥帳號：18836722
劃撥戶名：知遠文化事業有限公司（※單次購書金額未達1000元，請另付70元郵資。）

■出版日期：2024年07月二版
ISBN：978-986-130-629-2